新一代信息技术网络空间安全高等教育系列教材（丛书主编：王小云 沈昌祥）

算法数论九讲

许光午 编 著

科 学 出 版 社

北 京

内 容 简 介

本书是新一代信息技术网络空间安全高等教育系列教材之一,以九讲来介绍算法数论的主要内容. 前四讲的内容是数论的基本概念和基础算法,特别地,具有现代计算意义的中国古代数论算法及其拓展在前三讲中得到了充分的解释,第 4 讲介绍计算中根本算法——大整数乘法的技术与方法. 第 5 讲是关于模乘的现代算法,体现了计算工具对数论算法发展的影响. 第 6 讲介绍素数与相关算法的课题. 尽管密码学的应用已经穿插在每讲之中,强调起见,还专门为公钥密码学的数学困难问题和计算问题设立了三讲,包括整数分解,离散对数和有重要密码学应用的整数的两个特殊表示,以期加深读者对算法数论的理解与掌握.

本书可作为网络空间安全、信息安全、密码科学与技术等相关专业的本科生和研究生的教材或参考书,也可供网络空间安全相关的工程师参考.

图书在版编目(CIP)数据

算法数论九讲 / 许光午编著. -- 北京:科学出版社, 2024. 9. -- ISBN 978-7-03-079452-9

I. O241

中国国家版本馆 CIP 数据核字第 2024YM0291 号

责任编辑:张中兴　梁　清　贾晓瑞 / 责任校对:杨聪敏
责任印制:赵　博 / 封面设计:有道设计

科学出版社 出版

北京东黄城根北街 16 号
邮政编码:100717
http://www.sciencep.com

三河市春园印刷有限公司印刷
科学出版社发行　各地新华书店经销

*

2024 年 9 月第　一　版　　开本:720 × 1000　1/16
2024 年 11 月第二次印刷　　印张:10 1/2
字数:212 000
定价:59.00 元
(如有印装质量问题,我社负责调换)

丛书编写委员会

丛 书 序

随着人工智能、量子信息、5G 通信、物联网、区块链的加速发展,网络空间安全面临的问题日益突出,给国家安全、社会稳定和人民群众切身利益带来了严重的影响. 习近平总书记多次强调"没有网络安全就没有国家安全","没有信息化就没有现代化",高度重视网络安全工作.

网络空间安全包括传统信息安全所研究的信息机密性、完整性、可认证性、不可否认性、可用性等,以及构成网络空间基础设施、网络信息系统的安全和可信等. 维护网络空间安全,不仅需要科学研究创新,更需要高层次人才的支撑. 2015年,国家增设网络空间安全一级学科. 经过八年多的发展,网络空间安全学科建设日臻完善,为网络空间安全高层次人才培养发挥了重要作用.

当今时代,信息技术突飞猛进,科技成果日新月异,网络空间安全学科越来越呈现出多学科深度交叉融合、知识内容更迭快、课程实践要求高的特点,对教材的需求也不断变化,有必要制定精品化策略,打造符合时代要求的高品质教材.

为助力学科发展和人才培养,山东大学组织邀请了清华大学等国内一流高校及阿里巴巴集团等行业知名企业的教师和杰出学者编写本丛书. 编写团队长期工作在教学和科研一线,在网络空间安全领域内有着丰富的研究基础和高水平的积淀. 他们根据自己的教学科研经验,结合国内外学术前沿和产业需求,融入原创科研成果、自主可控技术、典型解决方案等,精心组织材料,认真编写教材,使学生在掌握扎实理论基础的同时,培养科学的研究思维,提高实际应用的能力.

希望本丛书能成为精品教材,为网络空间安全相关专业的师生和技术人员提供有益的帮助和指导.

沈昌祥

2023 年 12 月 1 日

序　言

　　数论经历了漫长的发展历程,形成了有深刻理论体系和深远应用的算法体系的一个重要数学领域. 二十世纪以来信息技术的快速发展催生了现代密码学、算法理论等数学、计算机科学、信息论等交叉新学科,为数论的应用打开了一扇大门. 从密码学的知识体系来讲,现代密码学分为公钥密码与对称密码,数论中的计算困难问题几乎构成了整个公钥密码体系的理论基石,同时形成了以零知识证明为原创概念的可证明安全独特理论体系. 从计算模型角度,经典的公钥密码学基于分解因子、离散对数等经典数论难题抵抗计算机攻击,而抗量子计算机攻击的公钥密码 (简称后量子密码) 基于过去三十多来发展的高维格理论数学难题,主要包括最短向量问题 (NP-hard 问题)、最短距离问题 (NP-complete 问题) 等,密码学的发展毫无疑问极大丰富了现代算法数论的内涵.

　　该书仅简要介绍算法数论的基础理论与基本知识,为进一步学习与研究现代算法数论的深刻内容打下坚实基础,并为致力于该领域研究的读者提供一些思想启迪. 如果对半个世纪以来的现代密码学进行深刻考察,不难发现,人们在加密和签名等系统的安全分析和运算效率的研究中,产生了许多源源不断的新思想和技术,设计了许多新的算法,算法数论越来越成为网络空间安全的理论支撑和工具保障.

　　许光午教授从事密码学相关的数论和算法研究二十余年,在椭圆曲线密码学、格密码学等方向上取得了一系列优秀成果. 他对数论中经典结果的计算特征也有深入研究,特别是挖掘了中国古代的一些优秀数论算法,使得它们能够在今天的计算中得到很好的应用,并将它们的思想同现代的数学概念联系起来,展现了中国数学历史在算法数论领域的辉煌篇章.

　　许光午教授的《算法数论九讲》特点鲜明,题材十分丰富,包括了算法数论的基本内容. 连分数是计算中非常有用的一个数论工具,该书从秦九韶的算法设计出发,得到连分数的经典结论,进而将秦九韶算法与一类数论上常用的二维格联系起来并计算其最短向量. 在中国剩余定理的计算应用中,快速密码学计算和算术并行计算等问题都得到了讨论. 该书中关于整数快速乘法和模乘算法的讨论,也是当前密码学计算所关心的课题. 在与素数相关的算法讨论中,作者还加入了广义黎曼假设的内容及其意义. 该书最后描述了因整数分解和求解离散对数问题而发展起来的一些重要方法,也介绍了椭圆曲线计算中所涉及的整数的特殊表示,这些内容更是与密码学密切相关.

我在此祝贺许光午教授的《算法数论九讲》被纳入"新一代信息技术网络空间安全高等教育系列教材"出版. 希望该书在网络空间安全基础理论的教学与实践方面产生很好的影响.

王小云

2024 年 8 月 10 日

前　　言

数论的历史悠久，吸引着一代又一代优秀的数学家和数学爱好者，他们创造了许许多多的经典内容，这些成果成为人类文化的瑰宝. 在当前的信息时代，经典的甚至是古老的数论结果在不断地被赋予新的计算上的使命，特别是公钥密码学中的激动人心的种种进展大都与数论及其计算相关. 数论理论通过不同角度的思考与完善得以更加丰富.

在数论和算法方面，古代外国学者的一些先驱性的工作在数论、代数和算法等领域里得到了充分的领会、挖掘和宣传. 我国古代在数论和算法有辉煌的创造，产生了一系列本质的科学思想，提出了多种高效的计算工具与方法.《孙子算经》、《数书九章》和《杨辉算法》等著作中都包含着对今天的实践有指导和促进作用的深刻内容，我们认为对这样一些经典做进一步的专业挖掘和宣传诠释有着多方面的意义. 党的二十大报告中强调增强文化自信，这方面的工作也是推进学子们对中华文化自信自强的一个生动的实例.

同数论给人们的印象一样，数论算法的发展中产生了很多富有创造性的优美思想. 受这些思想指导的机器程序表现出令人赞叹的计算效率. 现代数论算法在不断发展的计算工具的影响下，在新型计算的需求中也有更多的理论开拓和方法演进.

本书以九讲来介绍数论算法的主要内容和典型方法. 前四讲的内容是数论的基本概念和基础算法. 具有现代计算意义的中国古代数论算法及其拓展在前三讲中得到了充分的解释. 第 1 讲中的古代算法中包括了杨辉的乘法技术. 第 2 讲给出秦九韶"大衍求一术"的现代数学语言准确的复现和基本性质总结，同时通过连分数的别样处理和一类二维格的短向量刻画来揭示秦九韶设计的算法威力. 第 3 讲借鉴《数书九章》的安排介绍中国剩余定理，对它的深刻数学意义和多种计算特征进行了阐述. 接下来在第 4 讲里介绍计算中根本算法之一的大整数乘法的快速算法，包括在这个历程中发展起来的技术与方法. 第 5 讲是关于模乘的现代算法的，体现了计算工具对数论算法发展的影响. 第 6 讲介绍素数与相关算法的课题，也讨论了广义黎曼假设对数论计算的影响. 尽管密码学的应用穿插在每一讲中，我们专门为公钥密码学的数学困难问题和有关计算问题设立了三讲，它们是整数分解、离散对数和整数的两个特殊表示.

本书的写作一直受到王小云院士的大力支持和热情鼓励. 特别要指出的是，

作者是在王院士著作中的论点的启发下, 迈出了关于中国古代算法的现代应用的第一步. 作者对此深表谢意. 作者感谢王美琴教授对本书出版事宜的规划和支持. 对李宝教授和伍涵博士在整理 "大衍求一术" 中的贡献和田呈亮博士提出的有益建议, 作者也一并感谢.

受作者水平和时间之限, 本书的写作有很多不足之处. 恳请读者指正.

许光午

2024 年 4 月

目　录

第 1 讲

基本概念和历史注记

这一讲我们首先回顾一下初等数论的基本概念和基本结论, 关于它们的更详细讨论, 请读者参考文献 [1]—[3]. 我们所讨论的数论结果都很经典, 并且有直接的或间接的计算意义, 为此我们选择对它们给予证明. 本讲的第二部分简单介绍了两个古代的算术算法, 包括杨辉方法. 最后我们还将对算法复杂度的估计做一些必要的讨论.

1.1 基本概念

整除性　对于 $a \in \mathbb{Z}$, 定义

$$I_a = \{x \in \mathbb{Z} : a|x\},$$

这是环 $\mathbb{Z}$ 的一个理想, 满足 $x, y \in I_a, z \in \mathbb{Z} \Rightarrow x \pm y \in I_a, xz \in I_a$. 进一步, 我们看到

$$a|b \iff I_b \subset I_a.$$

如果 $d = \gcd(a, b)$, 那么

$$I_d = I_a + I_b.$$

所以, $\gcd(a, b) = 1 \iff I_a + I_b = \mathbb{Z}$.

在以后的讨论中, 我们也用 $a\mathbb{Z}$ 来表示理想 I_a.

素数是数论中最本质的一个概念, 其重要性体现在下面的定理中.

定理 1.1 (算术基本定理)　*对于非零的 $n \in \mathbb{Z}$, 存在一个素因子分解*

$$n = (-1)^{\varepsilon(n)} \prod_{p \text{为素数}} p^{\nu_p(n)},$$

其中 $\varepsilon(n) = 0$ 或 1 由 n 是否为正数来决定, 而素数 p 上的指数 $\nu_p(n)$ 由 n 唯一确定.

对于素数 p, 用 $\nu_p(n)$ 表整数 n 中素因子 p 的最高幂次.

对于一个整环 R (无零因子) 中的元素 a, b, 我们定义整除关系 $b|a$ 为: 存在 $c \in R$ 使得 $a = bc$; 此时称 b 为 a 的一个因子. 我们进一步定义 R 中两个元素 a, b 的最大公因子为 a 和 b 的一个公因子 d, 使得对 a 和 b 的任何一个公因子 d', $d'|d$ 成立. 如果 a, b 拥有最大公因子 d, 则对于 R 的单位 u (即存在 $v \in R$ 满足 $uv = 1$), ud 也是一个最大公因子. 我们可以将 a 和 b 最大公因子的这样的等价类记为 $\gcd(a, b)$. 最大公因子的计算是一个非常基本的算法问题, 但在一般的整环中, 最大公因子未必存在. 我们下面将引出一类有优良计算性质的环, 最大公因子的存在性和有效计算方法都不再是问题.

欧几里得性质　在数论算法的分析与设计中, 欧几里得性质在判断算法是否终止方面常能提供更加有效的保障. 整环 R 被称为是一个欧氏环, 如果存在映射 $\delta : R \setminus \{0\} \to \{0, 1, 2, \cdots\}$, 使得

(1) 如果 $a, b \in R$, $ab \neq 0$, 则 $\delta(a) \leqslant \delta(ab)$;

(2) 如果 $a, b \in R$, $b \neq 0$, 则存在 $q, r \in R$ 使得

$$a = qb + r,$$

其中 $r = 0$ 或 $r \neq 0$, $\delta(r) < \delta(b)$.

下面是三个重要欧氏环的例子.

例子 1.1　(1) $R = \mathbb{Z}$ 关于 $\delta(a) = |a|$ 是欧氏环.

(2) $R = \mathbb{Z}[\mathrm{i}] = \{a + b\sqrt{-1} : a, b \in \mathbb{Z}\}$ 关于 $\delta(x + y\sqrt{-1}) = x^2 + y^2$ 是欧氏环. 这是著名的高斯整环.

(3) 令 $\omega = \dfrac{-1 + \sqrt{-3}}{2}$, 则 $R = \mathbb{Z}[\omega] = \{a + b\omega : a, b \in \mathbb{Z}\}$ 关于

$$\delta(x + y\omega) = x^2 - xy + y^2$$

是欧氏环. 这是著名的艾森斯坦整环.

这里我们验证第三个例子. 前两个留作练习.

设 $a = x_1 + y_1\omega, b = x_2 + y_2\omega \in \mathbb{Z}[\omega], b \neq 0$. 记

$$\alpha = \frac{x_1 x_2 + y_1 y_2 - x_1 y_2}{x_2^2 - x_2 y_2 + y_2^2}, \quad \beta = \frac{x_2 y_1 - x_1 y_2}{x_2^2 - x_2 y_2 + y_2^2},$$

则

$$\frac{a}{b} = \frac{a\bar{b}}{b\bar{b}} = \alpha + \beta\omega.$$

令 $m = [\alpha], n = [\beta]$ 分别为离 α, β 最近的整数, 并表示为 $q = m + n\omega$, 那么

$$a = qb + r,$$

其中 $r = ((\alpha - m) + (\beta - n)\omega) b$ 满足 $r = 0$ 或

$$\delta(r) = \delta(b)\delta\left((\alpha - m) + (\beta - n)\omega\right)$$

$$= \delta(b)\left((\alpha - m)^2 - (\alpha - m)(\beta - n) + (\beta - n)^2\right)$$

$$\leqslant \delta(b)\left(\frac{1}{4} + \frac{1}{4} + \frac{1}{4}\right) < \delta(b).$$

对于欧氏环 R, 我们可以执行欧几里得算法来计算 gcd. 现设 $a, b \in R, b \neq 0$. 根据欧氏环的性质, 我们得到下面的序列:

$$a = q_1 b + r_1, \quad r_1 \neq 0, \quad \delta(r_1) < \delta(b),$$

$$b = q_2 r_1 + r_2, \quad r_2 \neq 0, \quad \delta(r_2) < \delta(r_1),$$

$$r_1 = q_3 r_2 + r_3, \quad r_3 \neq 0, \quad \delta(r_3) < \delta(r_2),$$

$$\cdots\cdots$$

$$r_{n-2} = q_n r_{n-1} + r_n, \quad r_n \neq 0, \quad \delta(r_n) < \delta(r_{n-1}),$$

$$r_{n-1} = q_{n+1} r_n.$$

可以核验, $r_n = \gcd(a, b)$.

进一步, 通过下述推演

$$r_n = r_{n-2} - q_n r_{n-1} = r_{n-2} - q_n(r_{n-3} - q_{n-1} r_{n-2})$$

$$= (1 + q_n q_{n-1}) r_{n-2} - q_n r_{n-3} = \cdots,$$

我们可以求得 $\alpha, \beta \in R$, 使

$$\gcd(a, b) = \alpha a + \beta b. \tag{1.1}$$

同余　设 n 为一个正整数, 称整数 a 和 b 为模 n 同余, 如果 $n | (a - b)$. 我们记之为

$$a \equiv b \pmod{n}.$$

用理想的语言, 这个同余的表达是

$$a - b \in n\mathbb{Z}.$$

在 (1.1) 中, 如果 $\gcd(a, b) = 1$, 那么

$$\alpha a \equiv 1 \pmod{b},$$

我们称 α 为 a 模 b 的逆, 记为 $\alpha = a^{-1} \pmod{b}$.

我们知道, 对于整数 a, n, $n > 0$, 存在唯一的整数对 q, r 使得 $a = qn + r$, 并且 $0 \leqslant r < n$. 对于这种情况, 我们特记 $r = a \pmod{n}$.

计算中能够方便使用同余的原因是

$$(s + t) \pmod{n} = ((s \pmod{n}) + (t \pmod{n})) \pmod{n};$$

$$(s \cdot t) \pmod{n} = ((s \pmod{n}) \cdot (t \pmod{n})) \pmod{n}.$$

这种运算上的相容性本质上归结于整数环的基本同态结论. 事实上我们可以验证

$$a \equiv b \pmod{n} \iff a + n\mathbb{Z} = b + n\mathbb{Z}.$$

记 $\mathbb{Z}_n = \mathbb{Z}/n\mathbb{Z}$, 在不致引起混淆的情况下, 我们可以把商环 $\mathbb{Z}_n$ 简写为 $\mathbb{Z}_n = \{0, 1, \cdots, n-1\}$, 并在其上沿用运算 $+, \cdot$.

设 $n > 0$, 定义

$$\mathbb{Z}_n^* = \{x : 1 \leqslant x < n, \gcd(x, n) = 1\}.$$

这个集合在模 n 的乘法下形成一个群. 我们用 $\phi(n)$ 表示 $\mathbb{Z}_n^*$ 中的元素个数, 称其为欧拉函数. 著名的欧拉定理指出

定理 1.2 (欧拉定理)   对于整数 $a, n, n > 1$, 如果 $\gcd(a, n) = 1$, 则

$$a^{\phi(n)} \equiv 1 \pmod{n}.$$

证明   令 $\mathbb{Z}_n^* = \{x_1, x_2, \cdots, x_{\phi(n)}\}$, 其中 $1 \leqslant x_j < n$. 可以验证

$$\mathbb{Z}_n^* = \{ax_1 \pmod{n}, \ ax_2 \pmod{n}, \ \cdots, \ ax_{\phi(n)} \pmod{n}\},$$

于是下式便给出 $a^{\phi(n)} \equiv 1 \pmod{n}$:

$$\prod_{j=1}^{\phi(n)} ax_j \equiv \prod_{j=1}^{\phi(n)} x_j \pmod{n}. \qquad \square$$

一个特别有用的推论是

推论 1.1 (费马小定理)   对于素数 p, 如果 $1 < a < p$, 则

$$a^{p-1} \equiv 1 \pmod{p}.$$

我们引入默比乌斯函数 μ 来讨论欧拉函数的进一步性质. μ 的定义如下: 设 $n = \prod_{j=1}^{t} p_j^{\alpha(p_j)}$,

$$\mu(n) = \begin{cases} 1, & \text{如果 } n = 1, \\ (-1)^t, & \text{如果全体 } \alpha(p_j) = 1, \\ 0, & \text{如果某个 } \alpha(p_{j_0}) > 1. \end{cases}$$

不难验证, 对于 $n > 1$, 二项式展开 $0 = (1-1)^t$ 推出

$$\sum_{d|n} \mu(d) = 0.$$

对于定义在整数上的函数 f, g, 我们定义其卷积 $\circ$ 为

$$f \circ g(n) = \sum_{d|n} f(d) g\left(\frac{n}{d}\right) = \sum_{xy=n} f(x)g(y).$$

一个关键事实是卷积运算满足结合律. 定义函数 $\mathcal{I}$:

$$\mathcal{I}(n) = \begin{cases} 1, & \text{如果 } n = 1, \\ 0, & \text{如果 } n > 1. \end{cases}$$

于是我们有等式 $f = f \circ \mathcal{I} = \mathcal{I} \circ f$ (还应注意到 $\mathcal{I}(n) = \mu(n^2)$). 我们用 $\mathbf{1}$ 表示常函数 $\mathbf{1}(n) = 1$.

关于默比乌斯变换, 下述结论是非常有用的.

引理 1.1 (默比乌斯反演公式) 如果 $F(n) = \sum_{d|n} f(d)$, 则

$$f(n) = \sum_{d|n} \mu(d) F\left(\frac{n}{d}\right).$$

证明 注意到 $F = f \circ \mathbf{1}$. 从 $\mathbf{1} \circ \mu = \mu \circ \mathbf{1} = \mathcal{I}$, 我们看到

$$f = f \circ \mathcal{I} = f \circ (\mathbf{1} \circ \mu) = (f \circ \mathbf{1}) \circ \mu = F \circ \mu. \qquad \square$$

我们现在讨论欧拉函数的几个性质:

(1)

$$n = \sum_{d|n} \phi(d).$$

为证此式, 对于 $d|n$, 令

$$S_d = \left\{ a : 1 \leqslant a \leqslant n, \gcd(a, n) = \frac{n}{d} \right\}.$$

可以验证, 所有这些 S_d 划分 $\{1, 2, \cdots, n\}$, 于是

$$\sum_{d|n} |S_d| = n.$$

我们如果能够证明 $|S_d| = \phi(d)$, 则上面的性质得证. 对于 $a \in S_d$, 现记 $a' = \dfrac{ad}{n}$. 我们有 $a' \in \mathbb{Z}, \gcd(a', d) = 1, a' < d$. 这是一个一一对应, 故 $|S_d| = \phi(d)$.

(2) 如果正整数 n 有素因子分解 $n = \prod_{j=1}^{t} p_j^{\alpha(p_j)}$, $\alpha(p_j) > 0$, 那么

$$\phi(n) = n \prod_{j=1}^{t} \left(1 - \frac{1}{p_j}\right).$$

利用默比乌斯反演公式, $n = \sum_{d|n} \phi(d)$ 产生

$$\phi(n) = \sum_{d|n} \mu(d)\frac{n}{d} = n - \sum_{j} \frac{n}{p_j} + \sum_{i \neq j} \frac{n}{p_i p_j} - \cdots$$

$$= n \left(1 - \frac{1}{p_1}\right) \left(1 - \frac{1}{p_2}\right) \cdots \left(1 - \frac{1}{p_t}\right).$$

我们在计算中经常需要借助傅里叶变换, 所以注意到 $\mu(n)$ 还可写成下面的指数和:

$$\mu(n) = \sum_{\substack{1 \leqslant k \leqslant n \\ \gcd(k,n)=1}} \mathrm{e}^{\frac{2\pi\sqrt{-1}k}{n}}.$$

我们可用默比乌斯反演公式导出上式, 并指出上式的右端是拉马努金 (Ramanujan) 和的特殊情形. 记 $s(n) = \sum_{\substack{1 \leqslant k \leqslant n \\ \gcd(k,n)=1}} \mathrm{e}^{\frac{2\pi\sqrt{-1}k}{n}}$. 设 $S(n) = \sum_{d|n} s(d)$, 则

$$S(n) = \sum_{k=0}^{n-1} \mathrm{e}^{\frac{2\pi\sqrt{-1}k}{n}} = \begin{cases} 1, & \text{如果 } n = 1, \\ 0, & \text{如果 } n > 1. \end{cases}$$

于是

$$s(n) = \sum_{d|n} \mu(d) S\left(\frac{n}{d}\right) = \mu(n).$$

原根 对于正整数 $n > 1$, 整数 g 称为模 n 的一个原根, 如果

$$\{g, g^2, \cdots, g^{\phi(n)}\} = \{x : 1 \leqslant x < n, \gcd(x, n) = 1\},$$

这里的乘法是在 $\mathbb{Z}_n$ 中进行的, g^k 意即 $g^k \pmod{n}$. 一个经典的数论结果说模 n 原根存在的充要条件是 $n = 2, 4$ 或有奇素数 p 和正整数 ℓ, 使 $n = p^\ell$ 或 $n = 2p^\ell$. 我们下面只讨论原根存在性的一个常见特例.

定理 1.3 对于素数 p, 必有原根存在.

证明 由费马小定理, 对于任何 $1 \neq a \in \mathbb{Z}_p^*$, $a^{p-1} = 1$. 记 $\mathrm{ord}_p(a)$ 为最小的正整数使 $a^{\mathrm{ord}_p(a)} = 1$, 称之为 a 的阶. 我们首先有 $\mathrm{ord}_p(a)|(p-1)$, 否则

$$r = (p-1) \pmod{\mathrm{ord}_p(a)}$$

将是一个更小的数使 $a^r = 1$.

对于 $d|(p-1)$, 设 $N_p(d)$ 为阶为 d 的元素的个数. 我们知道

$$\sum_{d|(p-1)} N_p(d) = p-1.$$

假设 $N_p(d) > 0$ 且 a 为一个 d 阶元, 那么 $1, a, \cdots, a^{d-1}$ 是 $\mathbb{Z}_p^*$ 中满足 $x^d - 1 = 0$ 的全体元素 (该方程至多有 d 个根). 这表明阶为 d 的元素必形如 a^k. 进一步, 这样的指数 k 必满足 $\gcd(k, d) = 1$. 因此如果 $N_p(d) > 0$, 则有 $N_p(d) = \phi(d)$.

但由于 $p - 1 = \sum_{d|(p-1)} \phi(d)$, 我们必有 $N_p(d) = \phi(d)$ 对所有 $d|(p-1)$ 成立. 特别地, $N_p(p-1) > 0$. □

设 g 是一个模 p 的原根, 由于 $(g^{\frac{p-1}{2}} - 1)(g^{\frac{p-1}{2}} + 1) = g^{p-1} - 1 = 0$ 且 $g^{\frac{p-1}{2}} \neq 1$, 我们看到

$$g^{\frac{p-1}{2}} = -1.$$

亦即 $g^{\frac{p-1}{2}} \pmod{p} = p - 1$.

上面所述的模 p 的原根的存在性及其证明方法可以推广到一般的有限域, 相应结论的表达是有限域的乘法群总是循环的.

二次剩余 设 p 为一个奇素数, $a \in \mathbb{Z}, p \nmid a$, 我们考察

$$X^2 = a \pmod{p} \tag{1.2}$$

的可解性. 为了表达确切简洁, 我们定义勒让德符号 $\left(\dfrac{a}{p}\right)$:

$$\left(\frac{a}{p}\right) = \begin{cases} 1, & \text{如果方程 (1.2) 有解,} \\ -1, & \text{如果方程 (1.2) 无解.} \end{cases}$$

a 被称为是模 p 的二次剩余如果 $\left(\dfrac{a}{p}\right) = 1$, 被称为是模 p 的二次非剩余如果 $\left(\dfrac{a}{p}\right) = -1$. 我们还可以把 $p|a$ 的情形包括进来, 约定 $\left(\dfrac{kp}{p}\right) = 0$.

事实上, 共有 $\dfrac{p-1}{2}$ 个二次剩余和 $\dfrac{p-1}{2}$ 个二次非剩余. 我们可利用前面提到的原根性质来验证之 (如果 g 是原根, 则 $g, g^3, g^5, \cdots$ 是全体二次非剩余).

下面的命题所证明的是欧拉准则, 从中可以看出计算勒让德符号 $\left(\dfrac{a}{p}\right)$ 是很容易的.

命题 1.1 对于 $p \nmid a$

$$\left(\frac{a}{p}\right) = a^{\frac{p-1}{2}} \quad (\bmod\ p).$$

特别地, 有

$$\left(\frac{a}{p}\right)\left(\frac{b}{p}\right) = \left(\frac{ab}{p}\right),$$

$$\left(\frac{-1}{p}\right) = \begin{cases} 1, & \text{如果 } p \equiv 1 \quad (\bmod\ 4), \\ -1, & \text{如果 } p \equiv 3 \quad (\bmod\ 4). \end{cases}$$

证明 如果 a 是二次剩余, 那么存在 $X_0 \in \mathbb{Z}$ 使得 $X_0^2 \equiv a\ (\bmod\ p)$. 于是

$$a^{\frac{p-1}{2}} \equiv X_0^{p-1} \equiv 1 \quad (\bmod\ p) = \left(\frac{a}{p}\right).$$

如果 a 是二次非剩余. 令 g 为原根且 $a = g^k$, 那么 k 是奇数. 因此

$$a^{\frac{p-1}{2}} \equiv g^{\frac{k(p-1)}{2}} \equiv (g^{\frac{(p-1)}{2}})^k \quad (\bmod\ p)$$

$$\equiv (-1)^k \quad (\bmod\ p) = -1 = \left(\frac{a}{p}\right). \qquad \square$$

我们最后给出初等数论中最重要的一个结论——高斯二次互反律.

定理 1.4 (高斯二次互反律) 对于奇素数 $p \neq q$, 我们有

$$\left(\frac{q}{p}\right) = (-1)^{\frac{p-1}{2} \frac{q-1}{2}} \left(\frac{p}{q}\right), \quad \left(\frac{2}{p}\right) = (-1)^{\frac{p^2-1}{8}}.$$

这是一个有众多不同证明的经典结果. 我们选择一种与后面讨论所关联的证明. 首先, 我们证明高斯引理.

引理 1.2 设 p 为奇素数, $p \nmid h$. 对于 $j \in \left\{1, 2, \cdots, \dfrac{p-1}{2}\right\}$, 记 $r_j = jh - p\left[\dfrac{jh}{p}\right]$, 并令 μ 为 $r_1, r_2, \cdots, r_{\frac{p-1}{2}}$ 中小于零的数的个数. 那么

$$\left(\frac{h}{p}\right) = (-1)^{\mu}.$$

证明 注意到 r_j 实际上是 jh 除以 p 的最小绝对剩余, 因此对于每个 $j \in \left\{1, 2, \cdots, \frac{p-1}{2}\right\}$, $0 < |r_j| \leqslant \frac{p-1}{2}$. 进一步, $|r_j| \neq |r_k|$ 对于在上述范围的 $j \neq k$ 成立. 这表明 $\prod_{j=1}^{\frac{p-1}{2}} |r_j| = \left(\frac{p-1}{2}\right)!$. 进而

$$h^{\frac{p-1}{2}} \left(\frac{p-1}{2}\right)! = \prod_{j=1}^{\frac{p-1}{2}} (hj) \equiv \prod_{j=1}^{\frac{p-1}{2}} r_j \quad (\text{mod } p)$$

$$= (-1)^\mu \prod_{j=1}^{\frac{p-1}{2}} |r_j| = (-1)^\mu \left(\frac{p-1}{2}\right)!,$$

故

$$h^{\frac{p-1}{2}} \equiv (-1)^\mu \quad (\text{mod } p).$$

现在证明二次互反律 (定理 1.4).

证明 设 $q \neq p$ 为另一奇素数. 我们先核验几个等式.
(1) 设 $\zeta = \mathrm{e}^{\frac{2\pi\sqrt{-1}}{q}}$ 为 q 次本原单位根, 那么

$$a^q - b^q = \prod_{j=0}^{q-1} (a\zeta^j - b\zeta^{-j}).$$

事实上, 因 q 是奇数, ζ^{-2} 也是 q 次本原单位根. 将 $x = \frac{a}{b}$ 代入

$$x^q - 1 = (x - 1)(x - \zeta^{-2})(x - \zeta^{-4}) \cdots (x - \zeta^{-2(q-1)})$$

并做适当的化简即得所求.
(2) 令 $f(z) = \mathrm{e}^{2\pi\mathrm{i}z} - \mathrm{e}^{-2\pi\mathrm{i}z}$, 则

$$\frac{f(qz)}{f(z)} = \prod_{j=1}^{\frac{q-1}{2}} f\left(z + \frac{j}{q}\right) f\left(z - \frac{j}{q}\right).$$

事实上,

$$f(qz) = (\mathrm{e}^{2\pi\mathrm{i}z})^q - (\mathrm{e}^{-2\pi\mathrm{i}z})^q$$

$$= f(z) \prod_{j=1}^{q-1} (\mathrm{e}^{2\pi\mathrm{i}z} \zeta^j - \mathrm{e}^{-2\pi\mathrm{i}z} \zeta^{-j})$$

$$= f(z) \prod_{j=1}^{\frac{q-1}{2}} f\left(z + \frac{j}{q}\right) \prod_{j=\frac{q+1}{2}}^{q-1} f\left(z + \frac{j}{q}\right)$$

$$= f(z) \prod_{j=1}^{\frac{q-1}{2}} f\left(z + \frac{j}{q}\right) f\left(z - \frac{j}{q}\right).$$

(3)

$$\prod_{k=1}^{\frac{p-1}{2}} f\left(\frac{kq}{p}\right) = \left(\frac{q}{p}\right) \prod_{k=1}^{\frac{p-1}{2}} f\left(\frac{k}{p}\right).$$

事实上, 根据高斯引理, 对于 $k \in \left\{1, 2, \cdots, \dfrac{p-1}{2}\right\}$, 记 $r_k = kq - p\left[\dfrac{kq}{p}\right]$,

$$\left(\frac{q}{p}\right) = (-1)^{\mu},$$

其中 μ 为 $r_1, r_2, \cdots, r_{\frac{p-1}{2}}$ 中小于零的数的个数, 并且 $\left\{|r_1|, \cdots, |r_{\frac{p-1}{2}}|\right\} = \left\{1, \cdots, \right.$
$\left. \dfrac{p-1}{2}\right\}$.

因为 $f\left(\dfrac{kq}{p}\right) = f\left(\dfrac{r_k}{p}\right)$, $f\left(\dfrac{-|r_k|}{p}\right) = -f\left(\dfrac{|r_k|}{p}\right)$, 我们得到

$$\prod_{k=1}^{\frac{p-1}{2}} f\left(\frac{kq}{p}\right) = \prod_{k=1}^{\frac{p-1}{2}} f\left(\frac{r_k}{p}\right) = (-1)^{\mu} \prod_{k=1}^{\frac{p-1}{2}} f\left(\frac{|r_k|}{p}\right) = (-1)^{\mu} \prod_{k=1}^{\frac{p-1}{2}} f\left(\frac{k}{p}\right).$$

现在我们可得

$$\left(\frac{q}{p}\right) = \prod_{k=1}^{\frac{p-1}{2}} \frac{f\left(q\dfrac{k}{p}\right)}{f\left(\dfrac{k}{p}\right)} = \prod_{k=1}^{\frac{p-1}{2}} \prod_{j=1}^{\frac{q-1}{2}} f\left(\frac{k}{p} + \frac{j}{q}\right) f\left(\frac{k}{p} - \frac{j}{q}\right).$$

对换 p 与 q 的位置, 我们又有

$$\left(\frac{p}{q}\right) = \prod_{j=1}^{\frac{q-1}{2}} \frac{f\left(p\dfrac{j}{q}\right)}{f\left(\dfrac{j}{q}\right)} = \prod_{j=1}^{\frac{q-1}{2}} \prod_{k=1}^{\frac{p-1}{2}} f\left(\frac{j}{q} + \frac{k}{p}\right) f\left(\frac{j}{q} - \frac{k}{p}\right).$$

因为 $f\left(\dfrac{k}{p}-\dfrac{j}{q}\right)=-f\left(\dfrac{j}{q}-\dfrac{k}{p}\right)$, 我们立得

$$\left(\frac{q}{p}\right)=(-1)^{\frac{p-1}{2}\frac{q-1}{2}}\left(\frac{p}{q}\right).$$

最后, 关于公式 $\left(\dfrac{2}{p}\right)=(-1)^{\frac{p^2-1}{8}}$, 我们需要考察 $r_j=2j-p\left[\dfrac{2j}{p}\right]\ \left(1\leqslant j\leqslant \dfrac{p-1}{2}\right)$ 中的负数个数. 显然 $r_j<0\iff j>\dfrac{p}{4}$, 所以

$$\mu=\frac{p-1}{2}-\left\lfloor\frac{p}{4}\right\rfloor=\begin{cases}\ell, & \text{如果 } p=4\ell+1,\\ \ell+1, & \text{如果 } p=4\ell+3.\end{cases}\qquad\square$$

1.2 古代算术方法

数字的表示和算术计算的效率问题是人们一直关心的问题. 我国古代的《孙子算经》就已经记载了算筹计数的纵横表达方式

数字常用纵横交错的方式表出并用空位表零 (后来以 ◯ 代之), 例如数字 32719 可被写成

$$\text{|||} \; = \; \text{Ⅱ} \; \_ \; \text{|||}$$

这在今天看来也是一个十分科学的安排, 具有检错功能, 某位数字漏写的情况可以被识别.

《孙子算经》发展了一些加速乘法运算的技术, 例如通过分解, 把多位数乘法化为个位数乘法. 宋代数学家杨辉在他的《乘除通变算宝》中介绍了更多的乘除便捷方法, 用于提高算筹这种工具的效率. 其中有 "加一位", "加二位" 等法则. 我们简述用于乘数是 $11,12,\cdots,19$ 时的 "加一位" 法则. 用乘数 1 后的 "零数", 依次从被乘数末位起, 乘各数位上的数, 并将结果随乘随加, 按 "言十当身布起, 言如

次身求之" 布算. "加二位" 是处理乘数是 $111, 112, \cdots, 199$ 的情形的. 但乘数有某种分解时, 我们可化之为用两次 "加一位" 法则计算, 例如

$$247 \times 195 = (247 \times 13) \times 15.$$

下面, 我们演算 247×13, 当前处理的数字用 $\triangle$ 指示, 数字之肩上有几个 $'$ 就表示几个进位.

$$
\begin{array}{l}
\begin{matrix} 2 & 4 & 7 \\ & & \triangle \end{matrix}
\Longrightarrow
\begin{matrix} 2 & 4 & 7'' & 1 \\ & & \triangle & {\scriptstyle 7\times3=21} \end{matrix}
\Longrightarrow
\begin{matrix} 2 & 4 & 9 & 1 \\ & \triangle & & \end{matrix}
\\[3ex]
\Longrightarrow
\begin{matrix} 2 & 4' & 9 & 1 \\ & & 2 & \\ & \triangle & {\scriptstyle 4\times3=12} & \end{matrix}
\Longrightarrow
\begin{matrix} 2 & 4'' & 1 & 1 \\ & \triangle & & \end{matrix}
\\[3ex]
\Longrightarrow
\begin{matrix} 2 & 6 & 1 & 1 \\ & \triangle & & \end{matrix}
\Longrightarrow
\begin{matrix} 2 & 6 & 1 & 1 \\ & 6 & & \\ & \triangle & {\scriptstyle 2\times3=6} & \end{matrix}
\\[3ex]
\Longrightarrow
\begin{matrix} 2' & 2 & 1 & 1 \\ \triangle & & & \end{matrix} = 3211.
\end{array}
$$

杨辉的法则在现代算法中常有体现, 它对应着机器中平移数字运算, 其效率很高. 更进一步, 在二进制的情况下, 对乘数无需限制, 适用于一般情况.

在算法方面, 阿拉伯 (波斯) 学者花拉子米 (al Khwarizmi, 约 780—850 年) 在其著作《算法与代数学》中介绍了印度的十进制表示法及符号, 建立了数字相加、相乘、相除, 甚至计算平方根和 π 的若干位的基本方法. 在拉丁语里, 花拉子米以 "Algoritmi" 呈现, 并由此造出 "algorithm" 一词. 花拉子米的工作中包括下面的乘法运算的一个新观察:

$$
x \cdot y = \begin{cases} 2\left(x \cdot \left\lfloor \dfrac{y}{2} \right\rfloor\right), & \text{如果 } y \text{ 是偶数,} \\[2ex] x + 2\left(x \cdot \left\lfloor \dfrac{y}{2} \right\rfloor\right), & \text{如果 } y \text{ 是奇数.} \end{cases}
$$

其伪代码是

算法 1 花拉子米乘法

输入: x 和 y 为正整数
输出: x 和 y 之乘积

```
1: function MULTIPLY(x, y)
2:     if y = 0 then
3:         return 0
```

```
 4:     end if
 5:     z ← MULTIPLY(x, ⌊y/2⌋)
 6:     if y%2 = 0 then
 7:         return  2 * z
 8:     else
 9:         return x + 2 * z
10:     end if
11: end function
```

我们注意到花拉子米的上述算法体现了二进制与十进制的一个有趣的混合.

1.3 无穷之阶与计算复杂度

我们需要对算法建立一个效率上的测量标准. 为了广泛的适用性, 测量的尺度应当具有简单且严格的数学意义. 数论中无穷大阶的处理方式为我们提供了恰当的选择.

在算法的运行时间方面, 我们一般先确定好算法被计算机执行时一个步骤的含义, 然后表运算的总步骤为算法的输入长度的函数 (估计值). 这样的函数便可以用来度量运算时间, 叫做算法的 (时间) 复杂度. 有时我们还关心整个计算所用到的存储空间, 这时便需要分析算法的空间复杂度.

我们的讨论将限制在时间的复杂度上. 给定正整数输入长度 n, 如果一个算法需要 $T(n) = 3.1416n^2 + 256n + 2.71828\log_2 n + 1$ 步完成计算, 我们尝试在不损害本质的前提下简化这个表达式. 首先, $T(n) > 3.1416n^2$; 而当 n 充分大时, $T(n) < 4n^2$. 一般地, 我们希望用关于输入长度 n 的简单的表达式如 $2^{\frac{n}{2}}, n^4, \sqrt{n}, (\log_2 n)^{\frac{3}{2}}$ 来衡量计算的复杂程度. 所以前面的 $T(n)$ 的复杂度表达式是 $O(n^2)$. 现在我们给出更确切的表述. 设 $f(n)$ 和 $g(n)$ 分别为两个算法关于长度为 n 的输入所进行运算的步骤数. 根据数论上的定义, 大 O 符号

$$f = O(g)$$

的意思是, 存在一个常数 $C > 0$ 和一个自然数 N, 使得 $f(n) \leqslant Cg(n)$ 对所有的 $n > N$ 成立. 我们还有另外几项有关定义. 我们说 $f = \Omega(g)$ 如果 $g = O(f)$, 而 $f = \Theta(g)$ 则要求 $f = O(g)$ 和 $g = O(f)$. 最后, 小 o 的概念

$$f = o(g)$$

是指对任意 $\varepsilon > 0$, 存在 $N > 0$, 使得 $f(n) \leqslant \varepsilon g(n)$ 对所有 $n > N$ 成立. 下面是几个容易核验的例子.

例子 1.2　验证下面诸式:

(1) $100n^2 + n + 1 = O(n^2), 100n^2 + n + 1 = O(n^3), 100n^2 + n + 1 = o(n^3)$;

(2) $\dfrac{1}{\log_2 \log_2 n} = o(1)$;

(3) $2^{0.9n} = O(2^n)$ 但 $2^n \neq O(2^{0.9n})$.

最后我们给出两个数论计算的简单例子, 表明运算步骤的认定对复杂度的影响.

在密码学应用中, $a^n \pmod m$ 是一个常见的计算, 其中 a, n, m 都是几百比特甚至是几千比特的整数. 利用算法中的分治技术, 这个计算能够以极高的效率得以实现. 这个技术下面的模幂算法里的具体体现是不断进行平方.

算法 2 模幂算法

输入: 正整数 a, m, 正整数 n 的二进制表示 $n = (1b_{k-1} \cdots b_1 b_0)_2$

输出: $a^n \pmod m$

```
 1: function POWERMOD(a, n, m)
 2:     X_k ← a
 3:     for i ← k − 1, k − 2, · · · , 1, 0 do
 4:         if b_i = 1 then
 5:             X_i ← X²_{i+1}a (mod m)
 6:         else
 7:             X_i ← X²_{i+1} (mod m)
 8:         end if
 9:     end for
10:     return X_0
11: end function
```

如果我们把 $xy \pmod m$ 这样的计算记成一个单位步骤, 上述算法的复杂度是 $O(\log_2 n)$. 从平均的意义上讲, n 的二进制表示中有一半的比特为 1, 所以这个算法所需的期望步骤数是 $\dfrac{3}{2} \log_2 n$.

然而, 对于一些计算问题, 将 $xy \pmod m$ 这样的计算看成一个单位就过于粗糙, 例如大整数的四则运算及取模运算. 对于这些情形, 用比特或字节作为运算单位, 更能精确体现或比较算法的复杂程度. 我们前面的花拉子米乘法 (算法 1) 的比特复杂度是 $O(n^2)$, 如果输入 x, y 都是 n 比特. 我们现在对此描述一个简单的分析. 我们注意到算法 1 的函数 MULTIPLY 被递归地调用, 每调用一次, 第二个输入都从 y 下降到 $\left\lfloor \dfrac{y}{2} \right\rfloor$, 直到此变量递减至零. 于是递归调用的次数是 $O(\lceil \log_2 y \rceil) = O(n)$. 每次调用 MULTIPLY 后, 需要一些额外的计算, 如像 $2 * z$ 或 $x + 2 * z$, 它们所需的计算量是 $O(n)$ 比特. 因此算法的全部比特计算量是 $O(n^2)$. 同时我们指出, 按照比特计算量, 前面模幂算法 (算法 2) 的复杂度是

$O((\log_2 m)^3)$.

我们最后考虑下面古代的带余除法运算: 整数 x 除以整数 $y > 0$, 得到商 q 和余数 $r < y$, 有

$$x = yq + r.$$

算法 3 带余除法

输入: x 和 $y > 0$ 为 n 比特的整数
输出: (q, r) 使 $x = qy + r, 0 \leqslant r < y$

1: **function** DIVIDE(x, y)
2:     **if** $x = 0$ **then**
3:         **return** $(0, 0)$
4:     **end if**
5:     $(q, r) \leftarrow$ DIVIDE$\left(\left\lfloor \frac{x}{2} \right\rfloor, y\right)$
6:     $q \leftarrow 2q$
7:     $r \leftarrow 2r$
8:     **if** $x\%2 \neq 0$ **then**
9:         $r \leftarrow r + 1$
10:     **end if**
11:     **if** $r \geqslant y$ **then**
12:         $r \leftarrow r - y$
13:         $q \leftarrow q + 1$
14:     **end if**
15:     **return** (q, r)
16: **end function**

这个带余除法的比特复杂度也是 $O(n^2)$.

1.4 练习题

练习 1.1 证明对任何正整数 n, m 和素数 p, 总有

1. $\nu_p(n + m) \geqslant \min\{\nu_p(n), \nu_p(m)\}$;
2. 如果 $\nu_p(n) < \nu_p(m)$, 则 $\nu_p(n + m) = \nu_p(n)$.

练习 1.2 用杨辉方法计算 2345×14.

练习 1.3 证明高斯整数环 $\mathbb{Z}[\sqrt{-1}]$ 是欧氏环. 关于这个环, 当其带余除法 $a = qb + r$ 的余数 $r \neq 0$ 时, 可以找到实数 $0 < t < 1$ 使 $\delta(r) < t\delta(b)$, 你得到的 t 是多少?

练习 1.4 设 $M \geqslant 100$ 为一个固定的实数.

(a) 证明: 如果 $n \geqslant 2^{2M^2+M}$, 则

$$\log_2 n < n^{\frac{1}{M}}.$$

(b) 你能发现一个尽可能小的且满足下述条件的数 K 吗? 使得一旦 $n \geqslant K$, 便有

$$\log_2 n < n^{\frac{1}{M}}.$$

练习 1.5 设有正整数 $a_1, \cdots, a_k, m$ 满足 $\gcd(a_j, m) = 1$, $j = 1, \cdots, k$. 证明模逆

$$a_1^{-1} \pmod{m}, \ \cdots, \ a_k^{-1} \pmod{m}$$

可以通过计算一个数模 m 的逆以及至多 $3k$ 个模 m 乘法得到.

练习 1.6 算法 2 适用于群元素的幂运算. 在许多应用中, 人们寻求各种优化, 将平均运算步骤数 $\frac{3}{2} \log_2 n$ 进一步降低.

达到这样目的的一个常用方法是加入适当的预计算. 为了计算 $a^n \pmod{m}$ (或其他群元素的幂), 我们固定一个正整数 k, 先将 n 表示成

$$n = \sum_{j=0}^{2} c_j 2^{jk},$$

其中 $0 \leqslant c_j < 2^k$. 于是

$$a^n \pmod{m} = \prod_{j=0}^{t} (a^{c_j})^{2^{jk}} \pmod{m}. \tag{1.3}$$

如果我们已经预先计算出

$$a^3 \pmod{m}, a^5 \pmod{m}, \cdots, a^{2^k-1} \pmod{m},$$

考虑下面的问题:

1. 借助 (1.3) 和上述预计算, 写出计算 $a^n \pmod{m}$ 的伪代码.

2. 这里预计算量依赖于 k. 证明整个计算量在

$$\log_2 n < \frac{k(k+1)2^{2k}}{2^{k+1}-k-2} + 1$$

时达到最小.

第 2 讲

大衍求一术的探源和扩展

中华民族创造了辉煌的文化, 对人类的文明进步起着重要作用. 在数学方面, 中国剩余定理无疑是其中最为精彩的篇章之一, 在现代科学理论和实践中有着很多优美的应用. 我们在下一讲中要细致介绍中国剩余定理及其计算意义. 这一讲的内容则是关于中国剩余定理的主要技术步骤——大衍求一术和它的现代计算意义. 用今天的语言, 大衍求一术就是计算模逆. 这是一个重要算术运算, 在理论和实际中有很多应用. 例如在公钥密码学中, 不仅 RSA 私钥的产生、RSA 用中国剩余定理解密和 ElGamal 解密等运算要用模逆; 在著名的数字签名协议 ElGamal、DSA 和 ECDSA 中, 生成签名的过程也都有计算模逆的步骤.

计算模逆比较直接的方法在第 1 讲里已有描述. 但人们常用更规范的、传递更多有用信息的方法. 我们今天所用的计算模逆的方法是扩展欧几里得算法. 其算法形式的形成可以追溯到欧拉、高斯. 它的当今表述是不断发展完善的结果.

秦九韶的划时代著作《数书九章》成书于 1247 年 [4]. 其卷一讲 "大衍类", 主要内容是 "大衍总数术", 即一次同余方程组的解法. 今天的诸种形式的中国剩余定理的证明皆不外此法. 这里先介绍的是其中的 "大衍求一术". 我们将会看到秦九韶的大衍求一术是计算模逆的最简洁直接的方法. 在带余除法取最小非负剩余的假设下, 过去的文献中指出秦氏算法的终止条件 "使右上得一而止" 有不准确之处. 在算法的实际应用里, 大衍求一术也鲜被提及. 我们在 2.1 节中采用最小正剩余的规则描述秦氏算法. 在此规则下, 秦氏算法的终止条件就有了数学上的保证, 这样便得到一个流畅且忠实秦氏原意的现代算法. 我们知道取最小正剩余这一运算法则在代数上毫无问题, 而且在中国古代的应用里是可以发现这个法则的. 例如, 《周易·系辞》中所表述的筮策便要用这个法则: 将一组蓍草的数目以四除之, 而余数则在 $\{1, 2, 3, 4\}$ 中取. 大衍求一术有着同扩展欧氏算法一样的复杂度, 又有很多能够揭示算法本质的性质, 应当被广泛地用于实际计算.

值得特别注意的是秦九韶在他的算法中用 "左上" "左下" "右上" "右下" 四个变量恰当地记录算法运行的状态, 我们按照这四个变量的布局称其为状态矩阵. 我们研究发现这样的状态矩阵表达的变量安排在数学上是自然的. 这样的变量安排形式似乎未见于现代的扩展欧氏算法的实现中. 挖掘秦氏的优美设计中所反映的数学和计算特征是 2.2 节与 2.3 节的内容, 我们将讨论状态矩阵在连分数中的应用和在一类有重要数论意义的二维格中的应用. 本讲的内容可见文献 [5] 与 [6].

2.1 大衍求一术和它的基本性质

我们所要考虑的问题是: 给定正整数 $1 < a < m$, $\gcd(a, m) = 1$, 计算正整数 $1 < u < m$ 使

$$au \equiv 1 \pmod{m}.$$

换句话说, 我们需要求出 $a^{-1} \pmod{m}$.

在《数书九章》中, 秦九韶这样定义相关的术语: 模数 m 被称为**定母**, 数 a 被称为**奇数**, 所要计算的 $a^{-1} \pmod{m}$ 被称为**乘率**.

在《数书九章》中, 秦九韶写道:

> 大衍求一术云 置奇右上 定居右下 立天元一于左上 先以右上除右下 所得商数与左上一相生 入左下 然后乃以右行上下 以少除多 递互除之 所得商数 随即递互累乘 归左行上下 须使右上末后奇一而止 乃验左上所得 以为乘率

书中后来又用稍微不同的语言再述之:

> 大衍求一术云 以奇于右上 定母于右下 立天元一于左上 先以右行上下两位 以少除多 所得商数 乃递互内乘左行 使右上得一而止 左上为乘率

下面, 我们来分析解释大衍求一术, 用当今的算法语言来呈现求解乘率的具体步骤.

首先, 秦九韶的算法是对一个有四个分量 (左上, 右上, 左下, 右下) 的变元进行工作处理. 本质上, 我们可把这样的变元表示成 2×2 状态矩阵 $\mathcal{X} = \begin{pmatrix} x_{11} & x_{12} \\ x_{21} & x_{22} \end{pmatrix}$.

最开始的指令是 "置奇右上, 定居右下, 立天元一于左上", 即 $x_{11} \leftarrow 1, x_{12} \leftarrow a, x_{22} \leftarrow m$, 此处未提下, 表其为空位, 其值是零, 即 $x_{21} \leftarrow 0$. 这是初始赋值的

步骤, 用状态矩阵表示, 则有算法的输入 (即初始的状态) 是

$$\mathcal{X}_0 = \begin{pmatrix} 1 & 奇数 \\ 0 & 定母 \end{pmatrix} \leftarrow \begin{pmatrix} 1 & a \\ 0 & m \end{pmatrix}.$$

接下来是第一个动作 "先以右上除右下". 现在 $x_{12} = a < x_{22} = m$, 做带余除法, 得商 q 和余数 r:

$$q = \left\lfloor \frac{x_{22} - 1}{x_{12}} \right\rfloor, \quad r = x_{22} - qx_{12}. \tag{2.1}$$

这里我们需要解释的是, 上面的公式其实正是取最小正剩余的一种表达式. 在秦氏算法运行中, 除了最后一步, $\left\lfloor \frac{x_{22} - 1}{x_{12}} \right\rfloor = \left\lfloor \frac{x_{22}}{x_{12}} \right\rfloor$ 和 $\left\lfloor \frac{x_{12} - 1}{x_{22}} \right\rfloor = \left\lfloor \frac{x_{12}}{x_{22}} \right\rfloor$ 总成立 (我们接下来会详细解释). 我们用 (2.1) 计算最小正剩余, 避免了程序中分支条件的使用.

其后是 "所得商数与左上一相生, 入左下". 这是施行 $q \cdot 1 = q \cdot x_{11}$, 再将结果加到左下. 指令完成后, 左下被更新:

$$x_{21} \leftarrow x_{21} + qx_{11}.$$

在这一步中, 右下 (数值为 m) 也需要更新:

$$x_{22} \leftarrow x_{22} - qx_{12} = r.$$

这一点秦九韶虽未在术文中明示, 但在算草中确有体现.

"然后乃以右行上下, 以少除多, 递互除之, 所得商数, 随即递互累乘, 归左行上下". 这一段说, 按照上面的方式继续进行, 考察右行 x_{12}, x_{22} 的大小, 用小的来除大的. 比如在紧接前面的一步我们有 $x_{12} > x_{22}$, 故施行右下除右上:

$$q = \left\lfloor \frac{x_{12} - 1}{x_{22}} \right\rfloor, \quad r = x_{12} - qx_{22}.$$

这个步骤应是所得商数, 随即乘以左下, 再归左行之上, 左上得以更新. 即

$$x_{11} \leftarrow x_{11} + qx_{21}.$$

当然还有 (默认的) 指令来更新右上:

$$x_{12} \leftarrow x_{12} - qx_{22}.$$

下一步将是右上除以右下, $\cdots$, 这样的 "递互" 动作一直进行到 "须使右上末后奇一而止", 也就是当 $x_{12} = 1$ 时, 算法执行完毕. 此语恰如现代算法表示中的 while 循环.

最后, "乃验左上所得, 以为乘率". 这时, 我们已经算出 $a^{-1} \pmod{m}$ 的值, 它正是 x_{11}, 而此时的输出 (即终止状态) 是

$$\mathcal{X}_f = \begin{pmatrix} \text{奇数}^{-1} \ (\text{mod 定母}) & 1 \\ * & * \end{pmatrix}.$$

所以秦九韶的大衍求一术, 用当今的算法语言, 可以这样描述:

算法 4 秦氏大衍求一术

输入: a, m 满足 $1 < a < m, \gcd(a, m) = 1$

输出: 正整数 $u < m$ 使 $ua \equiv 1 \pmod{m}$

1: **function** QIN-ALG(a, m)

2:　　$\begin{pmatrix} x_{11} & x_{12} \\ x_{21} & x_{22} \end{pmatrix} \leftarrow \begin{pmatrix} 1 & a \\ 0 & m \end{pmatrix}$

3:　　**while** $x_{12} \neq 1$ **do**

4:　　　　**if** $x_{22} > x_{12}$ **then**

5:　　　　　　$q \leftarrow \left\lfloor \dfrac{x_{22} - 1}{x_{12}} \right\rfloor$

6:　　　　　　$x_{21} \leftarrow x_{21} + q x_{11}$

7:　　　　　　$x_{22} \leftarrow x_{22} - q x_{12}$

8:　　　　**else**

9:　　　　　　$q \leftarrow \left\lfloor \dfrac{x_{12} - 1}{x_{22}} \right\rfloor$

10:　　　　　　$x_{11} \leftarrow x_{11} + q x_{21}$

11:　　　　　　$x_{12} \leftarrow x_{12} - q x_{22}$

12:　　　　**end if**

13:　　**end while**

14:　　**return** x_{11}

15: **end function**

现在我们对这个程序做出以下解释.

(1) 注意到如果 $x_{22} > x_{12}$, 变量 x_{12} 的值不被更新. 计算开始时, 由于奇数小于定母, 所以 x_{12} 的值只能在第偶数步被余数替换. 特别地, 我们看到下面的有趣事实: 经过偶数步后, $x_{12} = 1$, 计算完成.

(2) 这里关于商数和余数的选取, 是数论中 "最小正剩余" 的取法 (参见文献 [3]), 其约定是余数最小为 1, 最大可以取除数. 尽管我们今天多用 "最小非负剩余" 和 "最小绝对剩余", 取 "最小正剩余" 这一运算法则在代数上没有任何问题. 而且, 在中国古代的应用里是可以发现这个法则的. 例如, 《周易·系辞》中

所表述的筮策便要用这个法则: 将一组蓍草的数目以四除之, 而余数在 $\{1, 2, 3, 4\}$ 中取. 为了简洁地表达这一法则, 对于正整数 $a \geqslant b$, 如 (2.1) 所示, 我们在带余除法表达式

$$a = qb + r$$

中规定 $q = \left\lfloor \dfrac{a-1}{b} \right\rfloor, r = a - qb.$

(3) 在 "最小正剩余" 运算法则之下, 我们便能解释为什么 "使右上得一" 这一步总能到达. 假如在第奇数步, 变量 x_{22} 的值已被变更为 1, 那么必有 $x_{12} > x_{22}$. 在 "最小正剩余" 法则下计算出 $q = x_{12} - 1, r = 1$. 所以在下一步的状态中 $x_{12} = 1$, 终止程序的条件被满足. 这表明大衍求一术可用 "最小正剩余" 的运算法则恰当地实现. 一直使用最小正剩余也使算法变得流畅. 我们下面的解释表明最小正剩余的方法和最小非负剩余的差别只发生在算法的最后一步. 在后面的讨论中, 我们也会把秦氏算法的第 k 步的状态矩阵 $\begin{pmatrix} x_{11} & x_{12} \\ x_{21} & x_{22} \end{pmatrix}$ 写成

$$\mathcal{X}_k = \begin{pmatrix} x_{11}^{(k)} & x_{12}^{(k)} \\ x_{21}^{(k)} & x_{22}^{(k)} \end{pmatrix}.$$

同时将 k 步的商 q 记为 q_k. 利用最小非负剩余, 关于 $1 < a < m \ (\gcd(a, m) = 1)$ 的辗转相除法如下:

$$
\begin{aligned}
m &= \bar{q}_1 a + r_1, \\
a &= \bar{q}_2 r_1 + r_2, \\
r_1 &= \bar{q}_3 r_2 + r_3, \\
&\quad \cdots\cdots \\
r_{n-3} &= \bar{q}_{n-1} r_{n-2} + r_{n-1}, \\
r_{n-2} &= \bar{q}_n r_{n-1} + r_n,
\end{aligned}
$$

其中 $1 = r_n < r_{n-1} < \cdots < r_1 < a < m$.

对于 $k < n$, 因 $1 < r_k < r_{k-1}$, $\left\lfloor \dfrac{r_{k-1}-1}{r_k} \right\rfloor = \left\lfloor \dfrac{r_{k-1}}{r_k} \right\rfloor$, 故 $\bar{q}_k = q_k$.

如果 n 是偶数, 秦氏算法的最后一步是 $x_{12}^{(n)} = r_n = 1$. 于是我们有 $\bar{q}_n = q_n$.

如果 n 是奇数, 那么我们在第 n 步有 $x_{22}^{(n)} = r_n = 1$, 然而这时 x_{12} 之值尚未被赋为 1. 根据秦氏之程序, 下一个动作是

$$q_{n+1} = \left\lfloor \frac{r_{n-1}-1}{r_n} \right\rfloor = r_{n-1} - 1,$$

于是 $x_{12}^{(n+1)} = x_{12}^{(n)} - q_{n+1}x_{22}^{(n)} = r_{n-1} - (r_{n-1} - 1) \cdot 1 = 1$. 在这种情况下, 我们有 $\bar{q}_n = q_n, q_{n+1} = r_{n-1} - 1 = x_{12}^{(n)} - 1$. 所以在 n 是奇数的情形的最后一步我们才需要最小正剩余, 在其余的情形, 两种剩余的效果是一致的.

不尽相同的是, 以往的文献 (例如文献 [7] 和 [8]) 一般认为秦氏算法不甚准确, 一些文献给出的修改方案为: 先用最小非负剩余, 右上得一不能实现时, 再采用最小正剩余. 然而这样的处理需要在算法实现中加入 if 分支语句.

(4) 令 $v = -\dfrac{ua-1}{m}$, 我们即得 Bézout 等式: $ua + vm = 1$.

(5) 我们指出, 当 $\gcd(a, m) = d$ 时, 只需将上面形式的秦九韶算法中 while 循环的条件换成 ($x_{12} \neq x_{22}$), 便有 $ua + vm = d$ 成立, 其中 v 同上款.

扩展欧氏算法　我们同目前使用的扩展欧几里得算法做一下对比. 下面的扩展欧几里得算法的描述来自 Bach 和 Shallit [9], 是在 "最小非负剩余" 意义下的.

算法 5 扩展欧氏算法

输入: a, m 满足 $1 < a < m, \gcd(a, m) = 1$
输出: 正整数 $u < m$ 使 $ua \equiv 1 \pmod{m}$

1: **function** EXT-EUCLIDEAN(a, m)
2: $\quad \begin{pmatrix} x_{11} & x_{12} \\ x_{21} & x_{22} \end{pmatrix} \leftarrow \begin{pmatrix} 1 & 0 \\ 0 & 1 \end{pmatrix}$
3: $\quad n \leftarrow 0$
4: $\quad$ **while** $a \neq 0$ **do**
5: $\quad\quad q \leftarrow \left\lfloor \dfrac{m}{a} \right\rfloor$
6: $\quad\quad \begin{pmatrix} x_{11} & x_{12} \\ x_{21} & x_{22} \end{pmatrix} \leftarrow \begin{pmatrix} x_{11} & x_{12} \\ x_{21} & x_{22} \end{pmatrix} \begin{pmatrix} q & 1 \\ 1 & 0 \end{pmatrix}$
7: $\quad\quad (m, a) \leftarrow (a, m - qa)$
8: $\quad\quad n \leftarrow n + 1$
9: $\quad$ **end while**
10: $\quad$ **return** $(-1)^{n+1}x_{12}$
11: **end function**

算法 5 得到的 $u = a^{-1} \pmod{m}$ 是 $(-1)^{n+1}x_{12}$, 所以可能是负数. 当此数为负时可做变换 $u \leftarrow m + u$. 整个运算的步数可以是偶数, 也可以是奇数. 该算法需要至少 6 个变量 (在第 7 步, 做交换 (swap) 也需引入变量). 而秦氏算法总在偶数步完成, 所计算的结果是正的, 实际编写程序时所用的临时变量 (只需 5 个) 也较少. 因此, 我们认为秦氏算法更加简洁直接, 是今天实际程序应用中应该采用的方法. 另外, 不难看出两个算法的复杂度是相当的. 我们赞叹秦九韶算法的精妙, 它在任何意义上都不亚于被日益完善且广泛应用的当代 (扩展欧氏) 算法.

下面我们分别用秦九韶算法和扩展欧氏算法计算两个简单例子. 这里我们列

出较为详细的步骤.

例子 2.1　计算 $7^{-1} \pmod{480}$ 和 $17^{-1} \pmod{480}$.

解一: 用秦九韶算法

$$\begin{pmatrix} 1 & 7 \\ 0 & 480 \end{pmatrix} \xRightarrow{q=68,r=4} \begin{pmatrix} 1 & 7 \\ 68 & 4 \end{pmatrix} \xRightarrow{q=1,r=3} \begin{pmatrix} 69 & 3 \\ 68 & 4 \end{pmatrix} \xRightarrow{q=1,r=1} \begin{pmatrix} 69 & 3 \\ 137 & 1 \end{pmatrix} \xRightarrow{q=2,r=1} \begin{pmatrix} 343 & 1 \\ 137 & 1 \end{pmatrix}.$$

故 $7^{-1} \pmod{480} = 343$.

$$\begin{pmatrix} 1 & 17 \\ 0 & 480 \end{pmatrix} \xRightarrow{q=28,r=4} \begin{pmatrix} 1 & 17 \\ 28 & 4 \end{pmatrix} \xRightarrow{q=4,r=1} \begin{pmatrix} 113 & 1 \\ 28 & 4 \end{pmatrix}.$$

故 $17^{-1} \pmod{480} = 113$.

解二: 用扩展欧几里得算法

当 $a = 7, m = 480$ 时,

$$\begin{pmatrix} 1 & 0 \\ 0 & 1 \end{pmatrix} \xRightarrow{q=68,r=4} \begin{pmatrix} 68 & 1 \\ 1 & 0 \end{pmatrix} \xRightarrow{q=1,r=3} \begin{pmatrix} 69 & 68 \\ 1 & 1 \end{pmatrix} \xRightarrow{q=1,r=1} \begin{pmatrix} 137 & 69 \\ 2 & 1 \end{pmatrix} \xRightarrow{q=3,r=0} \begin{pmatrix} 480 & 137 \\ 7 & 2 \end{pmatrix}.$$

故 $7^{-1} \pmod{480} = -137$. 为了得到非负剩余, 我们做 $a^{-1} \pmod{480} = 480 - 137 = 343$.

当 $a = 17, m = 480$ 时,

$$\begin{pmatrix} 1 & 0 \\ 0 & 1 \end{pmatrix} \xRightarrow{q=28,r=4} \begin{pmatrix} 28 & 1 \\ 1 & 0 \end{pmatrix} \xRightarrow{q=4,r=1} \begin{pmatrix} 113 & 28 \\ 4 & 1 \end{pmatrix} \xRightarrow{q=4,r=0} \begin{pmatrix} 480 & 113 \\ 17 & 4 \end{pmatrix}.$$

故 $17^{-1} \pmod{480} = 113$.

最后我们证明秦九韶不变量, 即在秦氏算法运行中状态矩阵的积和式总是 m.

命题 2.1　对于每个状态矩阵 $\mathcal{X}_k = \begin{pmatrix} x_{11}^{(k)} & x_{12}^{(k)} \\ x_{21}^{(k)} & x_{22}^{(k)} \end{pmatrix}$ 都有

$$x_{11}^{(k)} x_{22}^{(k)} + x_{12}^{(k)} x_{21}^{(k)} = m. \tag{2.2}$$

证明　这个证明本质上是归纳法. 首先初始状态 $\begin{pmatrix} x_{11}^{(0)} & x_{12}^{(0)} \\ x_{21}^{(0)} & x_{22}^{(0)} \end{pmatrix} = \begin{pmatrix} 1 & a \\ 0 & m \end{pmatrix}$ 是满足 (2.2) 的.

假如第 k 步的状态矩阵满足 $x_{11}^{(k)}x_{22}^{(k)} + x_{12}^{(k)}x_{21}^{(k)} = m$. 我们考虑情形 $x_{12}^{(k)} > x_{22}^{(k)}$
(情况 $x_{22}^{(k)} > x_{12}^{(k)}$ 是类似的). 依照秦九韶算法, 我们先计算 $q_k = \left\lfloor \dfrac{x_{12}^{(k)} - 1}{x_{22}^{(k)}} \right\rfloor$, 然
后得到下一步的变量值

$$x_{11}^{(k+1)} = x_{11}^{(k)} + q_k x_{21}^{(k)}, \quad x_{12}^{(k+1)} = x_{12}^{(k)} - q_k x_{22}^{(k)};$$
$$x_{21}^{(k+1)} = x_{21}^{(k)}, \quad x_{22}^{(k+1)} = x_{22}^{(k)}.$$

于是新状态矩阵的积和式为

$$x_{11}^{(k+1)}x_{22}^{(k+1)} + x_{12}^{(k+1)}x_{21}^{(k+1)} = (x_{11}^{(k)} + q_k x_{21}^{(k)})x_{22}^{(k)} + (x_{12}^{(k)} - q_k x_{22}^{(k)})x_{21}^{(k)}$$
$$= x_{11}^{(k)}x_{22}^{(k)} + x_{12}^{(k)}x_{21}^{(k)} = m. \qquad \square$$

这样的不变量, 在我们下面的讨论中有十分重要的作用. 我们同时指出, 除却
其理论上的意义, 它在算法的软 (硬) 件实现中也是十分有用.

2.2   状态矩阵与连分数

我们在这一节中利用秦氏算法的状态矩阵来讨论连分数. 我们只涉及有理数
(或实数的有限有理逼近) 的连分数展开.

为了便于代数计算, 对于状态矩阵 $\mathcal{X}_k = \begin{pmatrix} x_{11}^{(k)} & x_{12}^{(k)} \\ x_{21}^{(k)} & x_{22}^{(k)} \end{pmatrix}$, 我们定义其 s-状态矩
阵为

$$\widehat{\mathcal{X}_k} = \begin{pmatrix} x_{11}^{(k)} & -x_{12}^{(k)} \\ x_{21}^{(k)} & x_{22}^{(k)} \end{pmatrix}.$$

注意到对于 s-状态矩阵, 秦九韶不变量的表述为

$$\det(\widehat{\mathcal{X}_k}) = m.$$

我们首先建立一个十分有用的关于 s-状态矩阵的递归公式.

命题 2.2   给定初始状态 $\mathcal{X}_0 = \begin{pmatrix} 1 & a \\ 0 & m \end{pmatrix}$, 我们有

$$\widehat{\mathcal{X}_k} = \begin{cases} \begin{pmatrix} 1 & 0 \\ q_k & 1 \end{pmatrix} \widehat{\mathcal{X}_{k-1}}, & \text{如果 } k \text{ 是奇数}, \\[3mm] \begin{pmatrix} 1 & 0 \\ q_k & 1 \end{pmatrix}^\top \widehat{\mathcal{X}_{k-1}}, & \text{如果 } k \text{ 是偶数}, \end{cases} \tag{2.3}$$

其中 q_k 为秦氏算法中第 k 步所计算的商.

证明 事实上,

$$\widehat{\mathcal{X}_1} = \begin{pmatrix} 1 & -a \\ q_1 & m - q_1 a \end{pmatrix} = \begin{pmatrix} 1 & 0 \\ q_1 & 1 \end{pmatrix} \begin{pmatrix} 1 & -a \\ 0 & m \end{pmatrix} = \begin{pmatrix} 1 & 0 \\ q_1 & 1 \end{pmatrix} \widehat{\mathcal{X}_0},$$

$$\widehat{\mathcal{X}_2} = \begin{pmatrix} x_{11}^{(1)} + q_2 x_{21}^{(1)} & -x_{12}^{(1)} + q_2 x_{22}^{(1)} \\ x_{21}^{(1)} & x_{22}^{(1)} \end{pmatrix} = \begin{pmatrix} 1 & q_2 \\ 0 & 1 \end{pmatrix} \widehat{\mathcal{X}_1},$$

接下来的步骤可以很容易地以此核验. $\qquad\square$

对于有理数 $0 < \lambda < 1$[①], 存在互素的正整数 a, m 使得 $\lambda = \dfrac{a}{m}$. 我们充分利用秦氏算法的 s-状态矩阵来研究 λ 的连分数逼近. 这里秦氏算法的输入将是 λ 的分子与分母, 即满足 $1 < a < m$ 和 $\gcd(a, m) = 1$ 的两个正整数 a 和 m.

我们回顾秦氏算法中第 k 步的商数为 q_k, 所以在 $\lambda < 1$ 的假定下, λ 连分数表示是

$$[0, q_1, q_2, \cdots, q_N, q_{N+1}],$$

其中 N 为秦氏算法的运行步数, 而 $q_{N+1} = x_{22}^{(N)}$. 这是因为在秦氏算法的最后一步有 $x_{12}^{(N)} = 1$, 所以在形成 λ 连分数表示的最后一个除法是 $q_{N+1} = \dfrac{x_{22}^{(N)}}{x_{12}^{(N)}} = x_{22}^{(N)}$.

现设 $\dfrac{\alpha_k}{\beta_k}$ 为有理数 λ 第 k 个渐近分数, 即

$$\frac{\alpha_k}{\beta_k} = [0, q_1, q_2, \cdots, q_k].$$

这里的 α_k, β_k 可以用 $q_1, q_2, \cdots$ 递归地表示出来:

$$\alpha_0 = 0, \quad \alpha_1 = 1, \quad \alpha_2 = q_2, \quad \cdots, \quad \alpha_k = q_k \alpha_{k-1} + \alpha_{k-2},$$
$$\beta_0 = 1, \quad \beta_1 = q_1, \quad \beta_2 = q_1 q_2 + 1, \quad \cdots, \quad \beta_k = q_k \beta_{k-1} + \beta_{k-2}.$$

下面的定理指出, 渐近分数的信息全部储存在了秦氏算法的状态矩阵中.

定理 2.1 对于 $k \geqslant 1$,

$$\widehat{\mathcal{X}_k} = \begin{cases} \begin{pmatrix} \beta_{k-1} & \alpha_{k-1} \\ \beta_k & \alpha_k \end{pmatrix} \widehat{\mathcal{X}_0}, & \text{如果 } k \text{ 是奇数}, \\[4mm] \begin{pmatrix} \beta_k & \alpha_k \\ \beta_{k-1} & \alpha_{k-1} \end{pmatrix} \widehat{\mathcal{X}_0}, & \text{如果 } k \text{ 是偶数}. \end{cases} \tag{2.4}$$

---

① 我们不必考虑前面的整数部分.

换句话说, 我们有

$$\widehat{\mathcal{X}_k} = \begin{cases} \begin{pmatrix} \beta_{k-1} & m\beta_{k-1}\left(\dfrac{\alpha_{k-1}}{\beta_{k-1}} - \lambda\right) \\[2ex] \beta_k & m\beta_k\left(\dfrac{\alpha_k}{\beta_k} - \lambda\right) \end{pmatrix}, & \text{如果 } k \text{ 是奇数,} \\[5ex] \begin{pmatrix} \beta_k & m\beta_k\left(\dfrac{\alpha_k}{\beta_k} - \lambda\right) \\[2ex] \beta_{k-1} & m\beta_{k-1}\left(\dfrac{\alpha_{k-1}}{\beta_{k-1}} - \lambda\right) \end{pmatrix}, & \text{如果 } k \text{ 是偶数.} \end{cases} \tag{2.5}$$

证明   首先, 由秦氏算法, 我们得到

$$\widehat{\mathcal{X}_0} = \begin{pmatrix} 1 & -a \\ 0 & m \end{pmatrix}, \quad \widehat{\mathcal{X}_1} = \begin{pmatrix} 1 & -a \\ q_1 & m - aq_1 \end{pmatrix}.$$

于是

$$\widehat{\mathcal{X}_1} = \begin{pmatrix} 1 & 0 \\ q_1 & 1 \end{pmatrix} \widehat{\mathcal{X}_0} = \begin{pmatrix} \beta_0 & \alpha_0 \\ \beta_1 & \alpha_1 \end{pmatrix} \widehat{\mathcal{X}_0},$$

$$\widehat{\mathcal{X}_2} = \begin{pmatrix} 1 & 0 \\ q_2 & 1 \end{pmatrix}^\top \widehat{\mathcal{X}_1} = \begin{pmatrix} 1 & 0 \\ q_2 & 1 \end{pmatrix}^\top \begin{pmatrix} 1 & 0 \\ q_1 & 1 \end{pmatrix} \widehat{\mathcal{X}_0} = \begin{pmatrix} \beta_2 & \alpha_2 \\ \beta_1 & \alpha_1 \end{pmatrix} \widehat{\mathcal{X}_0}.$$

一般地, 我们假设 (2.4) 对 $k-1$ 成立.

如果 k 是奇数, 则

$$\widehat{\mathcal{X}_k} = \begin{pmatrix} 1 & 0 \\ q_k & 1 \end{pmatrix} \widehat{\mathcal{X}_{k-1}} = \begin{pmatrix} 1 & 0 \\ q_k & 1 \end{pmatrix} \begin{pmatrix} \beta_{k-1} & \alpha_{k-1} \\ \beta_{k-2} & \alpha_{k-2} \end{pmatrix} \widehat{\mathcal{X}_0} = \begin{pmatrix} \beta_{k-1} & \alpha_{k-1} \\ \beta_k & \alpha_k \end{pmatrix} \widehat{\mathcal{X}_0}.$$

如果 k 是偶数, 核验过程也是一样的. 因此 (2.4) 总成立.

下面就 k 是偶数的情形证明 (2.5).

$$\widehat{\mathcal{X}_k} = \begin{pmatrix} \beta_k & \alpha_k \\ \beta_{k-1} & \alpha_{k-1} \end{pmatrix} \widehat{\mathcal{X}_0} = \begin{pmatrix} \beta_k & m\alpha_k - a\beta_k \\ \beta_{k-1} & m\alpha_{k-1} - a\beta_{k-1} \end{pmatrix}. \qquad \square$$

定理 2.1 所揭示的几个关系可以进一步推出一些有趣的结论. 我们将以推论和注记的形式给予体现. 第一个推论是渐近分数 $\dfrac{\alpha_k}{\beta_k}$ 和辗转相除中的商 q_k 有个简洁的 2×2 矩阵的表达.

推论 2.1 如果 k 为奇数, 则有

$$\begin{pmatrix} \beta_{k-1} & \alpha_{k-1} \\ \beta_k & \alpha_k \end{pmatrix} = \begin{pmatrix} 1 & 0 \\ q_k & 1 \end{pmatrix} \begin{pmatrix} 1 & 0 \\ q_{k-1} & 1 \end{pmatrix}^\top \cdots \begin{pmatrix} 1 & 0 \\ q_1 & 1 \end{pmatrix}, \quad (2.6)$$

如果 k 为偶数, 则有

$$\begin{pmatrix} \beta_k & \alpha_k \\ \beta_{k-1} & \alpha_{k-1} \end{pmatrix} = \begin{pmatrix} 1 & 0 \\ q_k & 1 \end{pmatrix}^\top \begin{pmatrix} 1 & 0 \\ q_{k-1} & 1 \end{pmatrix} \cdots \begin{pmatrix} 1 & 0 \\ q_1 & 1 \end{pmatrix}. \quad (2.7)$$

我们在本节的最后给出几条注记, 来说明如何用上面源于秦氏算法的连分数结果进一步推导其他丰富的连分数信息和重要连分数结论.

注 2.1 (1) 关于渐近分数, 我们有著名的恒等式

$$\alpha_k \beta_{k-1} - \alpha_{k-1}\beta_k = (-1)^{k-1}.$$

事实上, 由于 (2.1) 和 (2.7) 的行列式皆为 1, 上式立得.

(2) 我们注意到 (2.5) 能够立刻揭示出很多有用的信息.

(a) 当 k 为奇数时, (2.5) 告诉我们

$$m\beta_{k-1}\left(\frac{\alpha_{k-1}}{\beta_{k-1}} - \lambda\right) = -x_{12}^{(k)} < 0,$$

$$m\beta_k\left(\frac{\alpha_k}{\beta_k} - \lambda\right) = x_{22}^{(k)} > 0,$$

所以 $\dfrac{\alpha_{k-1}}{\beta_{k-1}} < \lambda < \dfrac{\alpha_k}{\beta_k}$. 再考虑两个相邻的 s-状态矩阵

$$\widehat{\mathcal{X}_k} = \begin{pmatrix} \beta_{k-1} & m\beta_{k-1}\left(\dfrac{\alpha_{k-1}}{\beta_{k-1}} - \lambda\right) \\ \beta_k & m\beta_k\left(\dfrac{\alpha_k}{\beta_k} - \lambda\right) \end{pmatrix}, \quad \widehat{\mathcal{X}_{k+1}} = \begin{pmatrix} \beta_{k+1} & m\beta_{k+1}\left(\dfrac{\alpha_{k+1}}{\beta_{k+1}} - \lambda\right) \\ \beta_k & m\beta_k\left(\dfrac{\alpha_k}{\beta_k} - \lambda\right) \end{pmatrix}.$$

利用秦九韶不变量可得 $\det(\widehat{\mathcal{X}_k}) = m = \det(\widehat{\mathcal{X}_{k+1}})$, 即

$$m\beta_{k-1}\beta_k\left(\frac{\alpha_k}{\beta_k} - \frac{\alpha_{k-1}}{\beta_{k-1}}\right) = m\beta_{k+1}\beta_k\left(\frac{\alpha_k}{\beta_k} - \frac{\alpha_{k+1}}{\beta_{k+1}}\right).$$

因为 $\beta_{k-1} < \beta_{k+1}$, 所以 $\dfrac{\alpha_{k-1}}{\beta_{k-1}} < \dfrac{\alpha_{k+1}}{\beta_{k+1}}$. 再对偶数 k 做类似讨论, 我们便得渐近分数序列的单调性:

$$\frac{\alpha_2}{\beta_2} < \frac{\alpha_4}{\beta_4} < \cdots \leqslant \lambda < \cdots < \frac{\alpha_3}{\beta_3} < \frac{\alpha_1}{\beta_1}.$$

(b) 通过 (2.5), 我们看到渐近分数的逼近误差 $\frac{\alpha_{k-1}}{\beta_{k-1}} - \lambda$ 和 $\frac{\alpha_k}{\beta_k} - \lambda$ 自然地嵌入在 $x_{12}^{(k)}$ 或 $x_{22}^{(k)}$ 中 (依 k 的奇偶性而定). 由秦九韶不变量

$$m\beta_k\beta_{k-1}\left(\left|\frac{\alpha_{k-1}}{\beta_{k-1}} - \lambda\right| + \left|\frac{\alpha_k}{\beta_k} - \lambda\right|\right) = m,$$

得到

$$\left|\frac{\alpha_{k-1}}{\beta_{k-1}} - \lambda\right| + \left|\frac{\alpha_k}{\beta_k} - \lambda\right| = \frac{1}{\beta_{k-1}\beta_k} < \frac{1}{\beta_{k-1}^2}.$$

特别地, 由于 $\frac{1}{2\beta_{k-1}^2} + \frac{1}{2\beta_k^2} \geqslant \frac{1}{2\beta_{k-1}\beta_k}$, 我们用新的方式得到下面关于连分数逼近的重要结论:

$$\left|\frac{\alpha_{k-1}}{\beta_{k-1}} - \lambda\right| < \frac{1}{\beta_{k-1}^2} \text{ 总成立};$$

$$\left|\frac{\alpha_{k-1}}{\beta_{k-1}} - \lambda\right| < \frac{1}{2\beta_{k-1}^2} \text{ 和 } \left|\frac{\alpha_k}{\beta_k} - \lambda\right| < \frac{1}{2\beta_k^2} \text{ 至少有一个成立}.$$

(3) 我们已知最终的 s-状态矩阵为

$$\widehat{\mathcal{X}_N} = \begin{pmatrix} \beta_N & m\alpha_N - a\beta_N \\ \beta_{N-1} & m\alpha_{N-1} - a\beta_{N-1} \end{pmatrix} = \begin{pmatrix} a^{-1} \pmod{m} & -1 \\ \beta_{N-1} & m\alpha_{N-1} - a\beta_{N-1} \end{pmatrix}.$$

对 $\widehat{\mathcal{X}_N}$ 施行下述初等行变换的结果是

$$\begin{pmatrix} 1 & 0 \\ m\alpha_{N-1} - a\beta_{N-1} & 1 \end{pmatrix} \widehat{\mathcal{X}_N} = \begin{pmatrix} a^{-1} \pmod{m} & -1 \\ m & 0 \end{pmatrix}.$$

所以从本质上讲, 秦氏算法始于初始的 s-状态矩阵 $\begin{pmatrix} 1 & -a \\ 0 & m \end{pmatrix}$, 而其最终的 s-状态矩阵引出 $\begin{pmatrix} a^{-1} & -1 \\ m & 0 \end{pmatrix}$. 这表明秦九韶的变量选取和位置安排在数学上是自然的, 其算法反映出对偶之美.

(4) 最后, 我们指出扩展欧氏算法 (即算法 5) 中的矩阵 $\begin{pmatrix} x_{11} & x_{12} \\ x_{21} & x_{22} \end{pmatrix}$ 是直接关于渐近分数的, 其形式为 $\begin{pmatrix} \alpha_k & \alpha_{k-1} \\ \beta_k & \beta_{k-1} \end{pmatrix}$.

公钥密码学系统 RSA 及其一个分析 1978 年, Rivest, Shamir 和 Adleman 发明了 (以他们姓氏首字母命名的) 公钥密码系统 RSA [10]. 我们下面描述 RSA 加密系统的构造与运行机制.

构造密钥对

用户甲选取两个相异的大素数 p, q. 然后

计算 $n = p \cdot q$ (甲还需计算 $\phi(n) = (p-1)(q-1)$);

选取 $0 < e < \phi(n)$ 使 $\gcd(e, \phi(n)) = 1$;

求出 $0 < d < \phi(n)$ 使 $ed \equiv 1 \pmod{\phi(n)}$.

甲公开其公钥 (e, n) (例如在证书中心注册);

甲的私钥是 d (甲需妥善保管, 不可泄露给任何一方).

加密运算

用户乙加密文件 $m < n$ (满足 $\gcd(m, n) = 1$) 并送到用户甲处, 密文是

$$c = m^e \pmod{n}.$$

解密运算

得到 c 后, 甲可依下式算出明文 (即文件 m)

$$c^d \pmod{n}.$$

RSA 系统是数论应用于密码学的一个优美范例, 它的解密正确性由欧拉定理保证. 其具体步骤是要证明

$$m = c^d \pmod{n}.$$

为证明这个结论, 我们设 $k = \dfrac{ed - 1}{\phi(n)}$, 于是

$$c^d \pmod{n} = m^{ed} \pmod{n} = m \cdot (m^{\phi(n)})^k \pmod{n} = m.$$

欧拉定理所保证的结果 $m^{\phi(n)} \pmod{n} = 1$ 被用在上式推导中.

RSA 系统的安全性是建立在大整数分解是困难的假设之上的. 如果我们能够分解 n 而得到 p, q, 那么便可计算 $\phi(n)$. 因为 e 是已知的, 我们用秦九韶算法就能计算出私钥 $d = e^{-1} \pmod{\phi(n)}$. 我们现在知道, 在量子计算的环境下, 大整数分解不再是困难问题, 因此 RSA 和其他几类公钥密码体制无法适用于量子计算时代. 我们将在后面的一讲中详细介绍整数分解的理论与计算.

为提高 RSA 系统的效率, 加密指数 e 通常被取得很小, 例如 $e = 2^{16} + 1 = 65537$ 是目前很多应用中的选择. 那么, 对私钥我们可以做同样的事情吗? d 可以

很小吗？Wiener 在文献 [11] 中提出了著名的用连分数来攻击小解密指数的 RSA 的方法: 假定 $p < q < 2p$, 则当私钥 $d < \dfrac{1}{3}\sqrt[4]{n}$ 时, d 可以很容易地由公钥 (e, n) 算出. 事实上, 如前所设, 令 k 满足 $ed = 1 + k\phi(n)$, 则 $k < d$. 于是我们有

$$\left|\frac{e}{n} - \frac{k}{d}\right| = \left|\frac{1 + k(\phi(n) - n)}{nd}\right| = \left|\frac{(1 + k) - k(p + q)}{nd}\right| < \left|\frac{k(p + q)}{nd}\right|$$

$$\leqslant \frac{p + q}{n} < \frac{1}{2d^2}.$$

再由连分数理论的一个结果 (文献 [1] 第十章定理 2), 我们知道 $\dfrac{k}{d}$ 必然是已知量 $\dfrac{e}{n}$ 的一个渐近分数.

例子 2.2　当私钥 $d < \dfrac{1}{3}\sqrt[4]{n}$①时, 在 $\dfrac{e}{n}$ 的诸渐近分数 $\dfrac{\alpha_k}{\beta_k}$ 中, d 必定等于某一个 β_{k_0}! 对于下面的满足 Wiener 条件的 2048 比特的 RSA 公钥

$n = 117128294336468495444698075396751267805285620021120985380668553967927948909571217066119140449890300865277528889653247490362939647748206512896640372897287088636698870505495799257395392689772316161344800627597781803222276446632470360673062853930366198610714781951222850833678715503647787473763996469260227649823,$

$e = 95732234146791533551668604859724191376727985844066443634571454310362621777901121165551341881341688392298315059757650743379634832229953474883030589025221690304084592796854369734863325062605274742150970745551884759162223488642232743569246214729181121062200332381518469235058062443088269496745865959744754158983.$

我们先计算 $c = 2^e \pmod{n}$. 接下来对 e, n 施行秦九韶算法 (即用秦九韶算法计算 $e^{-1} \pmod{n}$). 对每个 β_k, 检查

$$c^{\beta_k} \pmod{n} = 2$$

---

① 这个条件可被适当放宽.

是否成立.

对于此例, 我们在第 $k = 147$ 步找出了私钥 d, 它正是变量 x_{21} 的值. 其具体数字为

$d = 41075990834486543897633996295593100623815667916876472119081964570296094602527.$

2.3 状态矩阵与二维格

本节的主要内容是揭示秦氏算法的一些本质的格论特征.

对于满足 $1 < a < m$, $\gcd(a, m) = 1$ 的正整数 a, m, 我们构造下述二维格 $\Lambda(a, m) \subset \mathbb{R}^2$:

$$\Lambda(a, m) := \{(x, y) \in \mathbb{Z} \times \mathbb{Z} \mid ax + y \equiv 0 \pmod{m}\}.$$

这是数论中一个常见的格, 有多种理论和实践上的应用. 下面的结论说明了秦九韶的古代构造是如何反映到上述格的数学内在特性的.

定理 2.2 秦氏算法的每个 s-状态矩阵 $\widehat{\mathcal{X}_k}$ 都是 $\Lambda(a, m)$ 的一个基. 特别地, 格 $\Lambda(a, m)$ 的体积正是 m.

证明 首先 $\widehat{\mathcal{X}_0}$ 的两行形成 $\Lambda(a, m)$ 的一个基. 事实上, 对 $(x, y) \in \Lambda(a, m)$, 设 t 为正整数使 $ax + y = tm$, 则有

$$(x, y) = x(1, -a) + t(0, m).$$

从定理 2.1, 我们知道每个 $\widehat{\mathcal{X}_k}$ 都可由 $\widehat{\mathcal{X}_0} = \begin{pmatrix} 1 & -a \\ 0 & m \end{pmatrix}$ 左乘一系列幺模矩阵得到, 因此也是基矩阵.

显然 $\det \widehat{\mathcal{X}_0} = m$, 故 $\Lambda(a, m)$ 的体积为 m.　　　　□

最短向量 格理论最重要的课题之一是寻找最短非零向量. 我们还是借助于秦氏算法的 s-状态矩阵 $\widehat{\mathcal{X}_k}$ 来研究 $\Lambda(a, m)$ 的最短向量. 大量的实验结果表明 $\Lambda(a, m)$ 的最短向量是某个 s-状态矩阵 $\widehat{\mathcal{X}_k}$ 的行向量. 下面的定理证明了与实验相近的结论: $\Lambda(a, m)$ 的最短向量由某个 s-状态矩阵完全确定.

定理 2.3 存在一个 s-状态矩阵 $\widehat{\mathcal{X}_k} = \begin{pmatrix} \widehat{v_1}^{(k)} \\ \widehat{v_2}^{(k)} \end{pmatrix}$ 使得下面的集合

$$\{\widehat{v_1}^{(k)}, \widehat{v_2}^{(k)}, \widehat{v_1}^{(k)} + \widehat{v_2}^{(k)}, \widehat{v_1}^{(k)} - \widehat{v_2}^{(k)}\}$$

包含 $\Lambda(a, m)$ 的最短向量.

定理的证明需要下面的一个引理. 这个引理的第一部分是连分数逼近的一个经典结果 (参见文献 [1]). 引理的第二部分是 Lang 的关于 Khinchin 中间分式的结论 (见文献 [12], Chapter 1, Theorem 10).

引理 2.1　令 $\lambda \in \mathbb{R}$, 并且设 $\left\{ \dfrac{\alpha_j}{\beta_j} : j = 0, 1, \cdots \right\}$ 为 λ 的连分数展开的渐近分式序列.

(1) 如果存在整数 u, v 使得

$$\left| \lambda - \frac{u}{v} \right| \leqslant \frac{1}{2v^2},$$

那么必有某个 j 使 $\dfrac{u}{v} = \dfrac{\alpha_j}{\beta_j}$ 成立.

(2) 如果存在整数 u, v 使得

$$\left| \lambda - \frac{u}{v} \right| \leqslant \frac{1}{v^2},$$

那么必有某个 j 使下面诸式之一成立

$$\frac{u}{v} = \frac{\alpha_j}{\beta_j} \quad \text{或} \quad \frac{u}{v} = \frac{\alpha_j \pm \alpha_{j-1}}{\beta_j \pm \beta_{j-1}}.$$

现在我们来证明定理 2.3.

证明　设 (x_0, y_0) 为 $\Lambda(a, m)$ 的一个最短向量. 我们不妨假定 $x_0 > 0$ (否则用 $(-x_0, -y_0)$).

首先存在 $k > 0$ 使

$$\beta_{k-1} \leqslant x_0 < \beta_k.$$

因为 $(\beta_k, m\alpha_k - a\beta_k)$ 和 $(\beta_{k-1}, m\alpha_{k-1} - a\beta_{k-1})$ 是 $\widehat{\mathcal{X}_k} = \begin{pmatrix} x_{11}^{(k)} & -x_{12}^{(k)} \\ x_{21}^{(k)} & x_{22}^{(k)} \end{pmatrix}$ 的两个行向量, 由 $x_0^2 + y_0^2 \leqslant \beta_{k-1}^2 + (m\alpha_{k-1} - a\beta_{k-1})^2$ 可得

$$|y_0| \leqslant |m\alpha_{k-1} - a\beta_{k-1}|.$$

再由秦九韶不变量

$$m = x_{11}^{(k)} x_{22}^{(k)} + x_{12}^{(k)} x_{21}^{(k)} = \beta_k |m\alpha_{k-1} - a\beta_{k-1}| + \beta_{k-1} |m\alpha_k - a\beta_k|,$$

我们有下述不等式:

$$|x_0 y_0| \leqslant \beta_k |m\alpha_{k-1} - a\beta_{k-1}| < m.$$

从 $(x_0, y_0) \in \Lambda(a, m)$ 可知 $\dfrac{y_0 + ax_0}{m}$ 为整数, 于是我们便有下面的估计:

$$\left| \frac{a}{m} - \frac{\dfrac{y_0 + ax_0}{m}}{x_0} \right| = \left| \frac{ax_0 - (y_0 + ax_0)}{mx_0} \right| = \left| \frac{y_0}{mx_0} \right| < \frac{1}{x_0^2}. \tag{2.8}$$

令 $d = \gcd\left(x_0, \dfrac{y_0 + ax_0}{m}\right)$. 如果 $d > 1$, 则 (2.8) 变成

$$\left| \frac{a}{m} - \frac{\dfrac{y_0 + ax_0}{dm}}{\dfrac{x_0}{d}} \right| = \left| \frac{y_0}{mx_0} \right| < \frac{1}{x_0^2} = \frac{1}{d^2 \left(\dfrac{x_0}{d}\right)^2} < \frac{1}{2 \left(\dfrac{x_0}{d}\right)^2}.$$

由引理 2.1 的第一部分, 存在一个 j 使得 $\dfrac{x_0}{d} = \beta_j$, $\dfrac{y_0 + ax_0}{dm} = \alpha_j$. 故

$$x_0^2 + y_0^2 = d^2(\beta_j^2 + (m\alpha_j - a\beta_j)^2) > \beta_j^2 + (m\alpha_j - a\beta_j)^2.$$

这是不可能的, 因为 $(\beta_j, m\alpha_j - a\beta_j) \in \Lambda(a, m)$ 但 (x_0, y_0) 是最短的.

所以我们必有 $d = 1$. 在这种情况下, 估计式 (2.8) 和引理 2.1 的第二部分给出 $\dfrac{\dfrac{y_0 + ax_0}{m}}{x_0} = \dfrac{\alpha_j}{\beta_j}$ 或者 $\dfrac{\dfrac{y_0 + ax_0}{m}}{x_0} = \dfrac{\alpha_j \pm \alpha_{j-1}}{\beta_j \pm \beta_{j-1}}$.

对于第一种情况, 我们有 $x_0 = \beta_j$, $\dfrac{y_0 + ax_0}{m} = \alpha_j$. 因为 $\beta_{k-1} \leqslant x_0 < \beta_k$, 所以 $k - 1 = j$, 进而 $(x_0, y_0) = (\beta_{k-1}, m\alpha_{k-1} - a\beta_{k-1})$ 是 $\widehat{\mathcal{X}_k}$ 的一个行向量.

对于第二种情况, 我们注意到表达式 $\dfrac{\alpha_j \pm \alpha_{j-1}}{\beta_j \pm \beta_{j-1}}$ 是既约的, 这是因为

$$(\alpha_j \pm \alpha_{j-1})\beta_{j-1} - (\beta_j \pm \beta_{j-1})\alpha_{j-1} = \pm 1.$$

于是, 我们必有 $x_0 = \beta_j + \beta_{j-1}$, $\dfrac{y_0 + ax_0}{m} = \alpha_j + \alpha_{j-1}$ 或 $x_0 = \beta_j - \beta_{j-1}$, $\dfrac{y_0 + ax_0}{m} = \alpha_j - \alpha_{j-1}$. 等价地

$$x_0 = \beta_j + \beta_{j-1}, \quad y_0 = (m\alpha_j - a\beta_j) + (m\alpha_{j-1} - a\beta_{j-1}),$$

或

$$x_0 = \beta_j - \beta_{j-1}, \quad y_0 = (m\alpha_j - a\beta_j) - (m\alpha_{j-1} - a\beta_{j-1}).$$

这表明 (x_0, y_0) 为 $\widehat{\mathcal{X}_j}$ 两行的和或差. $\qquad\square$

我们已证实存在包含一个最短向量信息的 s-状态矩阵. 现在我们关注的是怎样找到一个最短向量. 在下面的讨论中, 我们将根据前述实验结果, 启发式地假定最短向量是某个 s-状态矩阵的行向量.

我们先考察一些容易得到 $\Lambda(a, m)$ 最短向量的特殊情形. 前面已证 $\begin{pmatrix} 1 & -a \\ 0 & m \end{pmatrix}$ 是 $\Lambda(a, m)$ 的一个基. 上一节中 (见注 2.1(3)) 证明了 $\begin{pmatrix} a^{-1} & -1 \\ m & 0 \end{pmatrix}$ 是终止 s-状态矩阵 $\widehat{\mathcal{X}_N}$ 左乘一幺模矩阵, 所以也是 $\Lambda(a, m)$ 的基, 这里 a^{-1} 是指 $a^{-1} \pmod{m}$.

命题 2.3　(1) 如果 $a^2 < m$, 则 $(1, -a)$ 是 $\Lambda(a, m)$ 的一个最短向量.

(2) 如果 $(a^{-1})^2 < m$, 则 $(a^{-1}, -1)$ 是 $\Lambda(a, m)$ 的一个最短向量.

证明　如若不然, 必存在不全为零的 $k_1, k_2 \in \mathbb{Z}$ 使 $v = (k_1, k_2)\widehat{\mathcal{X}_k} = (k_1, k_2 m - k_1 a)$, 使得

$$\|v\| < \sqrt{a^2 + 1}.$$

于是 $\|v\|^2 \leqslant a^2$.

不失一般性, 我们假定 $k_1 > 0$. 因为 $(k_2 m - k_1 a)^2 \leqslant a^2$, 所以必有 $k_1 = 1, k_2 = 0$ 或者 $k_2 > 0$. 前者显示 $v = (1, -a)$, 与 v 的最短性相悖, 故 $k_2 > 0$ 成立.

注意到 $k_1 \leqslant a$, 所以 $k_2 m - k_1 a \geqslant k_2 m - a^2 \geqslant (k_2 - 1)m + (m - a^2)$ 迫使 $k_2 = 1$.

我们现在得到了简化的不等式

$$k_1^2 + (m - k_1 a)^2 \leqslant a^2.$$

如果 $k_1 = a$, 则 $m - k_1 a = m - a^2$ 必须是零, 与假设矛盾.

如果 $k_1 < a$, 则 $m - k_1 a \geqslant m - (a - 1)a = a + (m - a^2) > a$. 这也与前面的不等式相矛盾.

所以 $(1, -a)$ 必是一个短向量. 关于 $(a^{-1}, -1)$ 在 $(a^{-1})^2 < m$ 的条件下的最短性的证明是类似的.　　　　　　　　　　　　　　　　　　　　　□

现在考虑一般的情况. 假定 $(1, -a)$ 和 $(a^{-1}, -1)$ 都不是最短向量.

对于 s-状态矩阵 $\widehat{\mathcal{X}_k}$, 我们用 $\widehat{v_1}^{(k)}, \widehat{v_2}^{(k)}$ 表示其两个行向量. 这两个向量的内积在搜寻短向量时起重要作用. 用符号 $\mathcal{I}_k$ 表示这个内积, 即

$$\mathcal{I}_k = \langle \widehat{v_1}^{(k)}, \widehat{v_2}^{(k)} \rangle = x_{11}^{(k)} x_{21}^{(k)} - x_{12}^{(k)} x_{22}^{(k)}.$$

关于上述内积, 我们有

命题 2.4

$$\mathcal{I}_k = \begin{cases} \mathcal{I}_{k-1} + q_k \|\widehat{v_1}^{(k)}\|^2, & \text{如果 } k \text{ 是奇数,} \\ \mathcal{I}_{k-1} + q_k \|\widehat{v_2}^{(k)}\|^2, & \text{如果 } k \text{ 是偶数.} \end{cases}$$

证明　如果 k 为奇数,

$$x_{11}^{(k-1)} = x_{11}^{(k)}, \quad x_{12}^{(k-1)} = x_{12}^{(k)},$$
$$x_{21}^{(k)} = x_{21}^{(k-1)} + q_k x_{11}^{(k-1)}, \quad x_{22}^{(k)} = x_{22}^{(k-1)} - q_k x_{12}^{(k-1)},$$

于是有

$$\begin{aligned} \mathcal{I}_k &= x_{11}^{(k)} x_{21}^{(k)} - x_{12}^{(k)} x_{22}^{(k)} \\ &= x_{11}^{(k-1)}(x_{21}^{(k-1)} + q_k x_{11}^{(k-1)}) - x_{12}^{(k-1)}(x_{22}^{(k-1)} - q_k x_{12}^{(k-1)}) \\ &= \mathcal{I}_{k-1} + q_k \|\widehat{v_1}^{(k-1)}\|^2 \\ &= \mathcal{I}_{k-1} + q_k \|\widehat{v_1}^{(k)}\|^2. \end{aligned}$$

如果 k 是偶数,

$$x_{11}^{(k)} = x_{11}^{(k-1)} + q_k x_{21}^{(k-1)}, \quad x_{12}^{(k)} = x_{12}^{(k-1)} - q_k x_{22}^{(k-1)},$$
$$x_{21}^{(k)} = x_{21}^{(k-1)}, \quad x_{22}^{(k)} = x_{22}^{(k-1)},$$

此时有

$$\begin{aligned} \mathcal{I}_k &= x_{11}^{(k)} x_{21}^{(k)} - x_{12}^{(k)} x_{22}^{(k)} \\ &= x_{21}^{(k-1)}(x_{11}^{(k-1)} + q_k x_{21}^{(k-1)}) - x_{22}^{(k-1)}(x_{12}^{(k-1)} - q_k x_{22}^{(k-1)}) \\ &= \mathcal{I}_{k-1} + q_k \|\widehat{v_2}^{(k-1)}\|^2 \\ &= \mathcal{I}_{k-1} + q_k \|\widehat{v_2}^{(k)}\|^2. \end{aligned}$$

$\square$

我们已知 $\mathcal{I}_0 = -am < 0$. 对于终止 s-状态矩阵

$$\widehat{\mathcal{X}_N} = \begin{pmatrix} x_{11}^{(N)} & -x_{12}^{(N)} \\ x_{21}^{(N)} & x_{22}^{(N)} \end{pmatrix},$$

我们有 $x_{11}^{(N)} = a^{-1} \pmod{m}$, $x_{12}^{(N)} = 1$. 由于 N 是偶数,

$$\widehat{\mathcal{X}_N} = \begin{pmatrix} x_{11}^{(N)} & -1 \\ x_{21}^{(N-1)} & x_{22}^{(N-1)} \end{pmatrix} = \begin{pmatrix} \beta_N & -1 \\ \beta_{N-1} & m\alpha_{N-1} - a\beta_{N-1} \end{pmatrix}.$$

我们现在可以证明 $\mathcal{I}_N > 0$. 不然, 如果 $\mathcal{I}_N \leqslant 0$, 则 $x_{11}^{(N-1)} x_{21}^{(N)} \leqslant x_{22}^{(N)}$. 从 (2.5), 此式等价于 $m\alpha_{N-1} - a\beta_{N-1} \geqslant \beta_N \beta_{N-1}$. 再由连分数逼近的结果 $\dfrac{\alpha_{N-1}}{\beta_{N-1}} - \dfrac{a}{m} \leqslant \dfrac{1}{\beta_{N-1}\beta_N}$, 我们导出

$$m \geqslant \beta_N^2 \beta_{N-1}.$$

这表明 $(a^{-1})^2 < m$, 所以 $(a^{-1}, -1)$ 是 $\Lambda(a, m)$ 中的一个最短向量. 这同前面的假设相矛盾.

现在我们看到, $\mathcal{I}_0 < 0$, $\mathcal{I}_N > 0$, 而命题 2.3 告诉我们 $\{\mathcal{I}_k\}$ 是单调递增的, 于是存在一个 k_0 使

$$\mathcal{I}_{k_0} < 0, \quad \mathcal{I}_{k_0+1} \geqslant 0.$$

根据我们大量的实验, 启发式地有下面的结论: $\Lambda(a, m)$ 最短向量必是 $\widehat{\mathcal{X}_{k_0}}$ 或 $\widehat{\mathcal{X}_{k_0+1}}$ 的某一行.

例子 2.3　考虑 $m = 41130$, $a = 38887$.

k	$\widehat{\mathcal{X}_k}$	$\mathcal{I}_k$
0	$\begin{pmatrix} 1 & -38887 \\ 0 & 41130 \end{pmatrix}$	-1599422310
1	$\begin{pmatrix} 1 & -38887 \\ 1 & 2243 \end{pmatrix}$	-87223540
2	$\begin{pmatrix} 18 & -756 \\ 1 & 2243 \end{pmatrix}$	-1695690
3	$\begin{pmatrix} 18 & -756 \\ 37 & 731 \end{pmatrix}$	-551970
4	$\begin{pmatrix} 55 & -25 \\ 37 & 731 \end{pmatrix}$	-16240
5	$\begin{pmatrix} 55 & -25 \\ 1632 & 6 \end{pmatrix}$	89610
6	$\begin{pmatrix} 6583 & -1 \\ 1632 & 6 \end{pmatrix}$	10743450

我们看到 $\mathcal{I}_4 < 0, \mathcal{I}_5 > 0$. 而 $\Lambda(38887, 41130)$ 的一个最短向量是 $(55, -25)$, 它出现在 $\widehat{\mathcal{X}_4}$ 中 (亦在 $\widehat{\mathcal{X}_5}$ 中).

我们注意到 $\Lambda(38887, 41130)$ 的一个次短向量是 $(257, 631)$, 这个向量的表示为 $(4, 1)\widehat{\mathcal{X}_4}$, 但它不在任何 $\widehat{\mathcal{X}_k}$ 中.

读者从 $\widehat{\mathcal{X}_6}$ 可以看出 $38887^{-1} \pmod{41130} = 6583$.

2.4 练习题

练习 2.1 设 $a = 6792605526025$, $m = 9449868410449$.

1. 用秦九韶算法计算 $a^{-1} \pmod m$.

2. 写出上述计算过程的所有状态矩阵, 进而列出 $\lambda = \dfrac{a}{m}$ 的全体渐近分数.

练习 2.2 关于秦九韶算法, 解答下面问题.

1. 用程序语言实现秦九韶算法.

2. 设 $a = 55594575648329892869085402983802832744385952214688224221778511981742606582254$, $p = 2^{256} - 2^{32} - 977$. 验证 p 是一个素数, 并且 $a^3 \equiv 1 \pmod p$. 再由此求出

$$x^2 + 3 \equiv 0 \pmod p$$

的一个解 b.

3. 用秦九韶算法求出 $\Lambda(a, p)$ 的最短向量 (x_0, y_0) 和 $\Lambda(b, p)$ 的最短向量 (x_1, y_1), 并验证

$$p = x_0^2 + x_0 y_0 + y_0^2 \quad \text{或} \quad p = x_0^2 - x_0 y_0 + y_0^2,$$
$$p = 3x_1^2 + y_1^2 \quad \text{或} \quad p = x_1^2 + 3y_1^2.$$

练习 2.3 设 $\mathcal{X}_k = \begin{pmatrix} x_{11}^{(k)} & x_{12}^{(k)} \\ x_{21}^{(k)} & x_{22}^{(k)} \end{pmatrix}$ 为秦九韶算法中第 k 步的状态矩阵. 证明

1. 若 $x_{22}^{(k)} > x_{12}^{(k)}$, 则 $x_{22}^{(k+1)} < x_{12}^{(k+1)}$.

2. 若 $1 < x_{22}^{(k)} < x_{12}^{(k)}$, 则 $x_{22}^{(k+1)} > x_{12}^{(k+1)}$.

练习 2.4 设 $\mathcal{X}_N = \begin{pmatrix} x_{11}^{(N)} & x_{12}^{(N)} \\ x_{21}^{(N)} & x_{22}^{(N)} \end{pmatrix}$ 为秦九韶算法中的终止状态矩阵, $\alpha = a^{-1} \pmod m$ $(0 < \alpha < m)$. 证明

$$x_{21}^{(N)} < m - \alpha, \quad x_{22}^{(N)} \leqslant \left\lfloor \frac{m-1}{\alpha} \right\rfloor.$$

第 3 讲

中国剩余定理及其计算意义

我国古代数学经典《孙子算经》中有题

> 今有物 不知其数 三三数之 剩二 五五数之 剩三 七七数之 剩二 问物几何

《孙子算经》中对此题给出解答

> 答曰 二十三
>
> 术曰 三三数之 剩二 置一百四十 五五数之 剩三 置六十三 七七数之 剩二 置三十 并之 得二百三十三 以二百一十减之 即得 凡三三数之剩一 置七十 五五数之剩一 置二十一 七七数之剩一 则置十五 一百六以上 以一百五减之 即得

　　这是人类最早记载的同余式方程组问题. 我们看到, 《孙子算经》里描述的解术本质上是这类问题的数学解答, 其中包含模逆的应用. 该解法被称为孙子定理或中国剩余定理. 秦九韶的《数书九章》以 "大衍总数术" 之名给出了解决这类问题的一般方法, 奠定了当今诸多形式的中国剩余定理的解答或证明基础. 在这一讲中, 我们介绍中国剩余定理的深入内容, 也讨论中国剩余定理的密码学和计算应用.

3.1　中国剩余定理

　　《数书九章》所阐述的是一般情形下的一次同余方程组的处理方法, 是更广泛意义的中国剩余定理. 我们要求解方程组

$$\begin{cases} x \equiv r_1 \pmod{a_1}, \\ x \equiv r_2 \pmod{a_2}, \\ \qquad \cdots\cdots \\ x \equiv r_k \pmod{a_k}, \end{cases} \tag{3.1}$$

其中模数 $a_1, a_2, \cdots, a_k$ 不要求两两互素. 这样的方程组未必有解, 因为有些必要条件需要满足. 事实上, 令 $d_{ij} = \gcd(a_i, a_j)$, 如果 (3.1) 有解 x_0, 则 $d_{ij}|(r_i - x_0)$, $d_{ij}|(r_j - x_0)$. 所以 (3.1) 有解的一个显然的必要条件是

$$d_{ij}|(r_i - r_j). \tag{3.2}$$

我们后面将证明, 这个条件还是充分的. 但这是一个不算显然的结论.

秦九韶建议了一种方法, 本质上通过一个转换程序, 将方程组 (3.1) 等价地变成我们熟知的中国剩余定理形式:

$$\begin{cases} x \equiv r_1 \pmod{m_1}, \\ x \equiv r_2 \pmod{m_2}, \\ \qquad \cdots\cdots \\ x \equiv r_k \pmod{m_k}, \end{cases} \tag{3.3}$$

其中模数 $m_1, m_2, \cdots, m_k$ 两两互素, $m_i|a_i$, 且 $\mathrm{lcm}(a_1, a_2, \cdots, a_k) = m_1 m_1 \cdots m_k$.

我们现在描述一个关于 (3.3) 的更自然的解法并将指出这种解法的动机仍然能在《数书九章》中找到.

令 $M = \prod_{j=1}^{k} m_j$, 对每个 $j = 1, 2, \cdots, k$, 记 $M_j = \dfrac{M}{m_j}$, 容易核验

$$\gcd(M_1, M_2, \cdots, M_k) = 1.$$

由于

$$\gcd(M_1, M_2, \cdots, M_k) = \gcd(M_1, \gcd(M_2, \cdots, M_k)),$$

通过扩展欧几里得算法我们可以找到整数 $u_1, u_2, \cdots, u_k$ 使得

$$u_1 M_1 + u_2 M_2 + \cdots + u_k M_k = 1. \tag{3.4}$$

这里的整数 u_i 其实正是 $M_i^{-1} \pmod{m_i}$. 这是因为当 $j \neq i$ 时, $m_i|M_j$, 因此上式变成

$$w m_i + u_i M_i = 1.$$

这说明 $u_i = M_i^{-1} \pmod{m_i}$.

如果 x_0 是 (3.3) 的解, 那么将 (3.4) 两端同乘 x_0 得到

$$x_0 u_1 M_1 + x_0 u_2 M_2 + \cdots + x_0 u_k M_k = x_0.$$

由于 $x_0 \equiv r_i \pmod{m_i}$, 我们得到

$$x_0 \equiv r_1 u_1 M_1 + r_2 u_2 M_2 + \cdots + r_k u_k M_k \pmod{M}.$$

我们再验证这样的 x_0 的确满足方程组 (3.3): 由于 $j \neq i$ 时, $r_j u_j M_j \equiv 0 \pmod{m_i}$, $r_i u_i M_i \equiv r_i \pmod{m_i}$, 故

$$x_0 \equiv r_i \pmod{m_i}, \quad i = 1, 2, \cdots, k.$$

这就给出了中国剩余定理的求解公式. 这个过程非常自然且容易记忆, 其思想可在以往的文献中找到 (例如文献 [13]). 综上所述, 我们有中国剩余定理正式表述.

定理 3.1　在模 M 的意义下, 方程组 (3.3) 有唯一解. 解的公式为

$$x_0 = r_1 u_1 M_1 + r_2 u_2 M_2 + \cdots + r_k u_k M_k \pmod{M}, \tag{3.5}$$

其中 $u_i = M_i^{-1} \pmod{m_i}$.

在《数书九章》中, 中国剩余定理的求解过程叫做 "大衍总数术". 其中几个相关术语为: 模数 m_j 被称为**定数**, 数 $M = \prod_{j=1}^{k} m_j$ 被称为**衍母**, 而每个数 $M_j = \dfrac{M}{m_j}$ 都被称为**衍数**.

关于大衍总数术, 我们列出秦九韶的三段表述并加以解释.

> 诸衍数　各满定母　去之　不满曰奇　以奇与定　用大衍求一入之
> 以求乘率或奇得一者　即为乘率

这一步是对每个 M_j, 计算乘率 (模逆) $u_j = (M_j)^{-1} \pmod{m_j}$. 秦九韶要求在计算乘率之前, 先算好 $M_j \pmod{m_j}$, 这是减少计算量之举.

> 置各乘率　对乘衍数得泛用　并泛课衍母　多一者为正用　或泛多
> 衍母倍数者　验元数　奇偶同者　损其半倍　或三处同类　以三约衍
> 母　于三处损之　同衍母者为无用数　当验元数同类者　而正用至
> 多处借之　以元数两位求等　以等约衍母为借数　以借数损有以
> 益其无为正用　或数处无者　如意立数为母　约衍母所得　以如意
> 子乘之　均借补之　或欲从省勿借　任之为空可也

我们关心这一段的开始部分. 秦九韶这里称 $u_j M_j$ 为 "泛用". 然后将泛用相加得

$$u_1 M_1 + u_2 M_2 + \cdots + u_k M_k = 1 + gM.$$

如果 $g = 1$, 诸泛用便叫做 "正用". 这段后面部分讨论如何在 $g > 1$ 时通过变换得到正用. 现在知道无论 $g = 1$ 与否, 上式足以使我们得到中国剩余定理的解.

> **然后其余各乘正用 为各总 并总 满衍母去之 不满为所求率数**

最后这段说对每个 j, 做乘积 $r_j u_j M_j$, 叫做 "各总", 然后对它们求和, 再模 M, 就得到了中国剩余定理的解的公式 (3.5)

$$x_0 = r_1 u_1 M_1 + r_2 u_2 M_2 + \cdots + r_k u_k M_k \pmod{M}.$$

所以我们在本书中也称公式 (3.5) 为秦九韶公式.

中国剩余定理的代码形式如下, 其间需要调用秦九韶算法 (算法 4).

算法 6 中国剩余定理

输入: k 个两两互素的正整数 $m_1, \cdots, m_k$ 和 k 个整数 $r_1, \cdots, r_k$

输出: $0 \leqslant x < m_1 \cdots m_k$ 使 $x \equiv r_j \pmod{m_j}$, $j = 1, \cdots, k$

1: **function** CRT$(r_1, \cdots, r_k, m_1, \cdots, m_k, k)$
2:      $M \leftarrow m_1 m_2 \cdots m_k$
3:      $S \leftarrow 0$
4:      **for** each $1 \leqslant j \leqslant k$ **do**
5:          $M_j \leftarrow \dfrac{M}{m_j}$
6:          $t \leftarrow M_j \pmod{m_j}$
7:          $u_j \leftarrow$ QIN-ALG(t, m_j)
8:          $S \leftarrow S + r_j u_j M_j$
9:      **end for**
10:      $x \leftarrow S \pmod{M}$
11:      **return** x
12: **end function**

我们现在用环论的语言来描述中国剩余定理.

定理 3.2 给定两两互素的正整数 $m_1, m_2, \cdots, m_k$ 并令 $M = \prod_{j=1}^{k} m_j$, 则

$$\Phi: \quad \mathbb{Z}/M\mathbb{Z} \to \mathbb{Z}/m_1\mathbb{Z} \times \mathbb{Z}/m_2\mathbb{Z} \times \cdots \times \mathbb{Z}/m_k\mathbb{Z}$$

$$c \mapsto (c \pmod{m_1}, c \pmod{m_2}, \cdots, c \pmod{m_k})$$

是环同构.

证明 我们很容易核实 Φ 是有定义的, 同时也是保持加法和乘法的. 因为两边都是 M 元集, 只需证明 Φ 是满射便可完成证明.

现取 $(r_1, r_2, \cdots, r_k) \in \mathbb{Z}/m_1\mathbb{Z} \times \mathbb{Z}/m_2\mathbb{Z} \times \cdots \times \mathbb{Z}/m_k\mathbb{Z}$, 由定理 3.1,

$$
\begin{cases}
x \equiv r_1 \pmod{m_1}, \\
x \equiv r_2 \pmod{m_2}, \\
\quad \cdots\cdots \\
x \equiv r_k \pmod{m_k}
\end{cases}
$$

有解, 记为 c. 于是 $\Phi(c) = (r_1, r_2, \cdots, r_k)$. □

我们看到环论形式的中国剩余定理的关键步骤是证明上面自然定义的映射 Φ 是满射, 而这一点由秦九韶公式保证. 我们进一步指出, 在一类更广泛的环上, 也有中国剩余定理, 其证明思想本质上也来自秦九韶公式.

我们将上面的映射 Φ 限制在 $\mathbb{Z}_M^*$ 上, 中国剩余定理则给出群同构.

命题 3.1 给定两两互素的正整数 $m_1, m_2, \cdots, m_k$ 并令 $M = \prod_{j=1}^{k} m_j$, 则

$$
\Phi: \quad \mathbb{Z}_M^* \to \mathbb{Z}_{m_1}^* \times \mathbb{Z}_{m_2}^* \times \cdots \times \mathbb{Z}_{m_k}^*
$$

$$
c \mapsto (c \pmod{m_1}, c \pmod{m_2}, \cdots, c \pmod{m_k})
$$

是群同构.

证明 为此我们只需注意到 $\gcd(M, c) = 1$ 当且仅当对于每个 j, $\gcd(m_j, c) = 1$. □

我们在第 1 讲中指出拉马努金和可以用来表达默比乌斯函数 $\mu(n)$. 在这里我们用中国剩余定理导出这个等式. 这个过程似乎可以使我们对默比乌斯函数从新的角度加以认识.

例子 3.1 用中国剩余定理证明[①]

$$
\mu(n) = \sum_{\substack{1 \leqslant k \leqslant n \\ \gcd(k,n)=1}} e^{\frac{2\pi\sqrt{-1}k}{n}}.
$$

我们假定 $n > 1$, 同时将 $\mathbb{Z}_n$ 或 $\mathbb{Z}_n^*$ 中元素按 $[0, n-1]$ 中的整数对待.

事实 设 p 为素数, $\alpha > 0$ 为整数, 则

$$
\sum_{k \in \mathbb{Z}_{p^\alpha}^*} e^{\frac{2\pi i k}{p^\alpha}} =
\begin{cases}
-1, & \text{如果 } \alpha = 1, \\
0, & \text{如果 } \alpha > 1.
\end{cases}
$$

---

① 这个漂亮的证明由清华大学喻杨老师给出.

这个事实的证明非常直接, 因为

$$\sum_{k \in \mathbb{Z}_{p^\alpha}^*} e^{\frac{2\pi i k}{p^\alpha}} = \sum_{k \in \mathbb{Z}_{p^\alpha}} e^{\frac{2\pi i k}{p^\alpha}} - \sum_{k \in \mathbb{Z}_{p^{\alpha-1}}} e^{\frac{2\pi i k}{p^{\alpha-1}}}$$

$$= \begin{cases} -1, & \text{如果 } \alpha = 1, \\ 0, & \text{如果 } \alpha > 1. \end{cases}$$

所以

$$\mu(p^\alpha) = \sum_{k \in \mathbb{Z}_{p^\alpha}^*} e^{\frac{2\pi i k}{p^\alpha}}.$$

我们由此还可以看出定义 $\mu(p) = -1, \mu(p^2) = \mu(p^3) = \cdots = 0$ 的一个很自然的依据.

设 n 的素因子分解为

$$n = \prod_{j=1}^t p_j^{\alpha_j}.$$

为简化讨论, 我们记 $m_j = p_j^{\alpha_j}$. 现在利用命题 3.1, 我们有群同构

$$\mathbb{Z}_n^* \longrightarrow \mathbb{Z}_{m_1}^* \times \mathbb{Z}_{m_2}^* \times \cdots \times \mathbb{Z}_{m_t}^*$$

$$k \mapsto (k \ (\mathrm{mod} \ m_1), \ k \ (\mathrm{mod} \ m_2), \ \cdots, \ k \ (\mathrm{mod} \ m_t)).$$

根据前面讨论的秦九韶的泛用概念, 我们知道存在正整数 $u_1, u_2, \cdots, u_t$ 和 ℓ 使得

$$u_1 \frac{n}{m_1} + u_2 \frac{n}{m_2} + \cdots + u_t \frac{n}{m_t} = 1 + \ell n.$$

于是

$$k u_1 \frac{n}{m_1} + k u_2 \frac{n}{m_2} + \cdots + k u_t \frac{n}{m_t} = k + \ell k n.$$

故

$$\sum_{k \in \mathbb{Z}_n^*} e^{\frac{2\pi \sqrt{-1} k}{n}} = \sum_{k \in \mathbb{Z}_n^*} e^{\frac{2\pi \sqrt{-1}(k u_1 \frac{n}{m_1} + k u_2 \frac{n}{m_2} + \cdots + k u_t \frac{n}{m_t})}{n}}$$

$$= \sum_{k \in \mathbb{Z}_n^*} \prod_{j=1}^t e^{\frac{2\pi \sqrt{-1} k u_j}{m_j}} = \prod_{j=1}^t \sum_{k \in \mathbb{Z}_{m_j}^*} e^{\frac{2\pi \sqrt{-1} k u_j}{m_j}}$$

$$= \prod_{j=1}^t \mu(p_j^{\alpha_i}) = \mu(n).$$

最后, 我们回到更广泛意义的中国剩余定理, 证明条件 (3.2) 是方程组 (3.1) 有解的充分条件.

定理 3.3　给定正整数 $a_1, a_2, \cdots, a_k$, 并令 $M = \mathrm{lcm}(a_1, a_2, \cdots, a_k)$. 如果对于 k 个整数 $r_1, r_2, \cdots, r_k$ 有 $\gcd(a_i, a_j) | (r_i - r_j)$, 则

$$x_0 \equiv r_1 v_1 \frac{M}{a_1} + r_2 v_2 \frac{M}{a_2} + \cdots + r_k v_k \frac{M}{a_k} \pmod{M},$$

在模 M 的意义下是 (3.1) 的唯一解, 其中诸 v_j 满足 $\sum_{j=1}^{k} v_j \frac{M}{a_j} = 1$.

证明　我们首先核验 $\gcd\left(\dfrac{M}{a_1}, \dfrac{M}{a_2}, \cdots, \dfrac{M}{a_k}\right) = 1$. 假如存在素数 p 使得对每个 j 都有 $p \left| \dfrac{M}{a_j} \right.$, 那么就有正整数 s 使 $p^s | M$, 然而对每个 j 都有 $p^s \nmid a_j$. 这与最小公倍数的定义不符.

所以存在整数 $v_1, v_2, \cdots, v_k$ 使

$$v_1 \frac{M}{a_1} + v_2 \frac{M}{a_2} + \cdots + v_k \frac{M}{a_k} = 1.$$

我们现在验证

$$y = r_1 v_1 \frac{M}{a_1} + r_2 v_2 \frac{M}{a_2} + \cdots + r_k v_k \frac{M}{a_k}$$

满足 (3.1). 因为

$$r_j = r_j v_1 \frac{M}{a_1} + r_j v_2 \frac{M}{a_2} + \cdots + r_j v_k \frac{M}{a_k},$$

我们可得

$$y - r_j = (r_1 - r_j) v_1 \frac{M}{a_1} + (r_2 - r_j) v_2 \frac{M}{a_2} + \cdots + (r_k - r_j) v_k \frac{M}{a_k}.$$

对于 $i \neq j$, 由于 $\gcd(a_i, a_j) | (r_i - r_j)$ 且 $\mathrm{lcm}(a_i, a_j) | M$, 我们可得 $a_i a_j | (r_i - r_j) v_i M$, 进而 $(r_i - r_j) v_i \dfrac{M}{a_i} \equiv 0 \pmod{a_j}$. 所以对每个 j,

$$y \equiv r_j \pmod{a_j}.$$

亦即, y 是一个解, $x_0 \equiv y \pmod{M}$ 也是一个解.　　　　　□

3.2 有限傅里叶变换

我们考虑复数域上的多项式环 $\mathbb{C}[x]$. 在 $\mathbb{C}[x]$ 中取定 n 次多项式 $p(x) = x^n + p_{n-1}x^{n-1} + \cdots + p_1 x + p_0$, 并假设 $p(x)$ 有 n 个两两互异的根 $\zeta_1, \zeta_2, \cdots, \zeta_n$, 即

$$p(x) = (x - \zeta_1)(x - \zeta_2) \cdots (x - \zeta_n).$$

在 $\mathbb{C}[x]$ 中, 我们可以类似地定义同余: 对于 $f, g, h \in \mathbb{C}[x], \deg(h) \geqslant 1, f(x) \equiv g(x) \pmod{h(x)}$ 是指存在 $\alpha(x) \in \mathbb{C}[x]$ 使 $f(x) - g(x) = \alpha(x)h(x)$, 亦可记为 $h(x)|(f(x) - g(x))$.

对 f, h 应用多项式的带余除法, 存在 $q, r \in \mathbb{C}[x]$, 其中 $r(x)$ 满足 $\deg(r) < \deg(h)$ 或 $r(x) = 0$, 使得

$$f(x) = q(x)h(x) + r(x).$$

在这种情形下, 我们记 $r(x) = f(x) \pmod{h(x)}$.

一个简单的情况是, 多项式 f 模一次多项式的余式必为常数. 事实上, 设 $h(x) = x - a$, 从 $f(x) = q(x)(x - a) + r(x)$ 可知 $r(x) = 0$ 或 $\deg(r) = 0$. 于是 $r(x)$ 必为常数. 进一步, 这个常数是 $f(a)$.

设 $r_1, \cdots, r_n \in \mathbb{C}$, 我们现在考虑求解一个未知的次数小于 n 的多项式 f 满足 $f(\zeta_j) = r_j$, 即求解

$$\begin{cases} f(x) \equiv r_1 \pmod{x - \zeta_1}, \\ f(x) \equiv r_2 \pmod{x - \zeta_2}, \\ \qquad \cdots\cdots \\ f(x) \equiv r_n \pmod{x - \zeta_n}. \end{cases} \tag{3.6}$$

现在我们证明秦九韶公式的多项式形式给出唯一的解 $f(x)$.

注意到 $x - \zeta_1, x - \zeta_2, \cdots, x - \zeta_n$ 为两两互素的多项式, 我们令 $M_j = \dfrac{p(x)}{x - \zeta_j}$. 在多项式的情况下, 计算 $(M_j(x))^{-1} \pmod{x - \zeta_j}$ 十分简单. 因为 $M_j(x) \pmod{x - \zeta_j} = M_j(\zeta_j)$, 所以

$$(M_j(x))^{-1} \pmod{x - \zeta_j} = \frac{1}{M_j(\zeta_j)}.$$

现在, 依照秦九韶公式 (3.5) 构造多项式

$$g(x) = \sum_{j=1}^n r_j (M_j(x))^{-1} M_j(x) = \frac{r_1 M_1(x)}{M_1(\zeta_1)} + \frac{r_2 M_2(x)}{M_2(\zeta_2)} + \cdots + \frac{r_n M_n(x)}{M_n(\zeta_n)}, \tag{3.7}$$

这是一个次数至多为 $n-1$ 的多项式, 对于每个 ζ_j, $j = 1, 2, \cdots, n$, 都有 $g(\zeta_j) = r_j$, 所以

$$g(x) \equiv r_j \pmod{x - \zeta_j}.$$

于是 $g(x)$ 是 (3.6) 的解.

由于 $f(x)$ 的次数小于 n, $f(\zeta_j) = r_j = g(\zeta_j)$, 即 $f(x) - g(x)$ 有 n 个不同的零点. 由线性代数可知 $f(x) - g(x) = 0$. 由于 $\mathbb{C}[x]/(x - \zeta_j) \cong \mathbb{C}$, 我们已证

定理 3.4

$$\begin{aligned} \Phi: \quad \mathbb{C}[x]/(p(x)) \quad &\to \quad \mathbb{C} \times \mathbb{C} \times \cdots \times \mathbb{C} \\ f(x) \quad &\mapsto \quad (f(\zeta_1), f(\zeta_2), \cdots, f(\zeta_k)) \end{aligned}$$

是环同构.

把每一项展开来写, (3.7) 即是 Lagrange 插值公式的通常表述

$$f(x) = \sum_{j=1}^{n} r_j \frac{(x - \zeta_1) \cdots (x - \zeta_{j-1})(x - \zeta_{j+1}) \cdots (x - \zeta_n)}{(\zeta_j - \zeta_1) \cdots (\zeta_j - \zeta_{j-1})(\zeta_j - \zeta_{j+1}) \cdots (\zeta_j - \zeta_n)},$$

现在我们知道, 本质上这是秦九韶公式.

考虑 $p(x) = x^n - 1$ 的情况, 我们可以定义有限傅里叶变换 (或离散傅里叶变换).

定义 3.1　设 ω 为 n 次本原单位根, 称映射

$$\begin{aligned} \mathcal{F}: \quad \mathbb{C}[x]/(x^n - 1) &\to \mathbb{C} \times \mathbb{C} \times \cdots \times \mathbb{C} \\ f(x) &\mapsto (f(1), f(\omega), \cdots, f(\omega^{n-1})) \end{aligned}$$

为有限 (或离散) 傅里叶变换.

根据中国剩余定理, 对任何向量 $(r_0, r_1, \cdots, r_{n-1}) \in \mathbb{C}^n$, 都有一个次数不超过 $n-1$ 的多项式 f 满足

$$\begin{cases} f(x) \equiv r_0 \pmod{x - 1}, \\ f(x) \equiv r_1 \pmod{x - \omega}, \\ \quad \cdots\cdots \\ f(x) \equiv r_{n-1} \pmod{x - \omega^{n-1}}, \end{cases}$$

令 $M_k(x) = (x - \omega^0) \cdots (x - \omega^{k-1})(x - \omega^{k+1}) \cdots (x - \omega^{n-1})$, 秦九韶公式便给出多项式 f 的如下具体形式:

$$f(x) = \sum_{k=0}^{n-1} r_k \frac{M_k(x)}{M_k(\omega^k)}.$$

这个公式就是傅里叶逆变换, 在讨论傅里叶变换的代数性质时非常有用. 然而从计算上考虑, 我们希望得到 $f(x) = a_0 + a_1 x + \cdots + a_{n-1} x^{n-1}$ 的诸系数 $\{a_0, a_1, \cdots, a_{n-1}\}$.

为此, 我们需要计算 $f(0), f'(0), \cdots, f^{(n-1)}(0)$. 对

$$x^n - 1 = (x - \omega^k) M_k(x)$$

求导 j $(1 \leqslant j \leqslant n)$ 次便得

$$n(n-1) \cdots (n-j+1) x^{n-j} = j M_k^{(j-1)}(x) + (x - \omega^k) M_k^{(j)}(x).$$

所以我们看出 $0 = j M_k^{(j-1)}(0) - \omega^k M_k^{(j)}(0)$ 以及 $n\omega^k = M_k(\omega^k)$. 又从原分解 $x^n - 1 = (x - \omega^k) M_k(x)$ 得到 $M_k(0) = \omega^{-k}$, 于是

$$M_k^{(j)}(0) = j! \omega^{-(j+1)k},$$
$$M_k(\omega^k) = n\omega^{-k}.$$

所以对 $j = 1, 2, \cdots, n$, $\dfrac{M_k^{(j-1)}(0)}{M_k(\omega^k)} = \dfrac{(j-1)! \omega^{-(j-1)k}}{n}$,

$$f(0) = \sum_{k=0}^{n-1} \frac{r_k}{n}, \quad f'(0) = \sum_{k=0}^{n-1} \frac{r_k \omega^{-k}}{n}, \cdots, f^{(n-1)}(0) = \sum_{k=0}^{n-1} \frac{r_k (n-1)! \omega^{-(n-1)k}}{n}.$$

令 $\widehat{f}(x) = \dfrac{1}{n}(r_0 + r_1 x + \cdots + r_{n-1} x^{n-1})$, 由上面的结果可得

$$a_0 = \widehat{f}(1), \ a_1 = \widehat{f}(\omega^{-1}), \cdots, \ a_{n-1} = \widehat{f}(\omega^{-(n-1)}).$$

这样我们就有了 f 的常规多项式表达. 人们也称多项式 $\widehat{f}$ 为 f 的傅里叶变换, 同时称 f 为 $\widehat{f}$ 傅里叶逆变换.

变换与计算效率 我们前面讨论过整数经过中国剩余表示所展现的并行性. 本节所讨论的有限傅里叶变换是多项式的一种特殊中国剩余表示. 我们考察一下它的计算特征.

设有多项式 $f(x) = a_0 + a_1 x + \cdots + a_{n-1} x^{n-1}$, $g(x) = b_0 + b_1 x + \cdots + b_{n-1} x^{n-1}$. 令

$$c_k = \sum_{i+j=k} a_i b_j, \quad k = 0, 1, \cdots, 2n-2,$$

则 $f(x)$ 和 $g(x)$ 在环 $\mathbb{C}[x]/(x^n - 1)$ 中的乘法运算为

$$f(x)g(x) \pmod{x^n - 1} = c_0 + c_1 x + c_2 x^2 + \cdots + c_{2n-2} x^{2n-2} \pmod{x^n - 1}$$

$$= (c_0 + c_n) + (c_1 + c_{n+1})x + \cdots$$
$$+ (c_{n-2} + c_{2n-2})x^{n-2} + c_{n-1}x^{n-1}.$$

这样的乘法运算在很多文献上也叫卷积, 它需要 n^2 个复数乘法. 我们再看经过中国剩余表示以后的情况. 多项式 $f(x)$ 和 $g(x)$ 的傅里叶变换分别是

$$\left(f(1), f(\omega), \cdots, f(\omega^{n-1})\right) \quad \text{和} \quad \left(g(1), g(\omega), \cdots, g(\omega^{n-1})\right),$$

它们在环 $\mathbb{C} \times \mathbb{C} \times \cdots \times \mathbb{C}$ 中的乘积是

$$\left(f(1)g(1), f(\omega)g(\omega), \cdots, f(\omega^{n-1})g(\omega^{n-1})\right).$$

这个运算仅仅需要 n 个复数乘法. 如此巨大的计算量节省是建立在傅里叶变换之上的, 所以傅里叶变换本身的计算量也是计算效率的一个因素. 事实上它是一个主要的因素. 我们将在下一讲中介绍傅里叶变换高效算法, 即快速傅里叶变换.

　　含有 $2m$ 次本原单位根的交换环上的傅里叶变换　在当前许多计算应用中, 人们考虑含有 $2m$ 次本原单位根 η 的交换环 R, 我们还需假定 m 是 R 中的可逆元. 我们在这里关心的是商环 $R[x]/(x^m + 1)$. 注意到 $\eta^m = -1$, 做变量代换 $y = \eta x$, $R[x]/(x^m + 1)$ 便可以等同于 $R[y]/(y^m - 1)$. 所以我们可以对 $f(x) \in R[x]/(x^m + 1)$ 施行傅里叶变换

$$f \mapsto (f(\eta^{-1}), f(\eta), f(\eta^3), \cdots, f(\eta^{m-2})).$$

如果通过逆变换得到多项式 $g(y)$, 它将被还原到 $g(\eta x) \in R[x]/(x^m + 1)$.

3.3　密码学应用和其他计算应用

　　我们已经看到中国剩余定理在数学理论和实践中意义都特别重要. 在本节中我们介绍中国剩余定理的两个密码学的应用. 在第一个应用中, 我们看到中国剩余表示是如何提高 RSA 解密运算的速度的. 第二个应用是离散对数问题的化简. 本节最后我们还将讨论中国剩余表示下的算术并行计算.

3.3.1　RSA 解密运算

　　我们在这里介绍 RSA 解密的一个优化. 注意到 RSA 的加密解密都是模幂运算, 其运算时间与模数比特长度的立方成正比. 我们假定 RSA 的公钥为 (e, n), 其中模数 $n = pq$ 为 ℓ 比特长, p, q 的长度为 $\dfrac{\ell}{2}$ 比特.

　　今设 RSA 私钥 (即解密指数) 为 d, 通常很接近 n.

设 $m < n$ 为明文, 其相应的密文是 $c = m^e \pmod{n}$. 在通常 RSA 解密的情形下, 解密方需要计算

$$c^d \pmod{n}$$

来得到明文 m.

由于解密者知道 n 的分解, 因此可以考虑将解密指数和模数换成更小的数以提高效率. 对此中国剩余定理便是这种考虑的一个很好的解决方案. 具体地, 我们用两个分别小于 p 和 q 的数 d_p, d_q 代替解密指数 d, 它们满足

$$ed_p \equiv 1 \pmod{p-1}, \quad ed_q \equiv 1 \pmod{q-1}.$$

当得到密文 $c = m^e \pmod{n}$ 时, 解密方计算两个小指数模幂

$$m_p = c^{d_p} \pmod{p},$$
$$m_q = c^{d_q} \pmod{q}.$$

假设 $ed_p = 1 + \ell(p-1)$, 我们看到

$$c^{d_p} \pmod{p} \equiv m^{ed_p} \pmod{p} = m^{1+\ell(p-1)} \pmod{p} = m \pmod{p}.$$

同理 $c^{d_q} \pmod{q} = m \pmod{q}$. 所以

$$m \equiv m_p \pmod{p},$$
$$m \equiv m_q \pmod{q}.$$

最后用秦九韶公式便可以得到明文:

$$m = \left(q(q^{-1} \pmod{p}) m_p + p(p^{-1} \pmod{q}) m_q \right) \pmod{n}.$$

假定 ℓ 比特模幂运算需要 ℓ^3 步, 那么中国剩余定理下的小指数解密需要 $2\left(\dfrac{\ell}{2}\right)^3 = \dfrac{\ell^3}{4}$ 步, 而通常的解密则需要 ℓ^3 步. 所以这个方法有 4 倍的提升.

3.3.2 Pohlig-Hellman 算法

我们现在考虑离散对数问题. 这是一个定义在有限 Abel 群上的计算问题, 我们仅限定所讨论的群为一个有限循环群 $G = \langle g \rangle$, 同时将群的运算表为乘法形式. 这类群包括且有密码学意义的乘法群 $\mathbb{Z}_p^*$ (p 为素数) 和椭圆曲线有理点子群.

在下面的讨论中, 我们设 $G = \langle g \rangle$ 为 M 阶循环群.

定义 3.2 离散对数问题 对 $h \in G$, 找出唯一的整数 $x, 0 \leqslant x < M$, 使得

$$g^x = h.$$

我们用 $\log_g h$ 表示 x, 称其为 h 的离散对数.

对于一些有限 Abel 群, 包括 $\mathbb{Z}_p^*$, 目前尚无离散对数问题的有效解法. 对于一般的有限域上的椭圆曲线的有理点群 (将在以后讨论), 现有的离散对数问题解法还是指数复杂度.

现在我们考虑上面定义的离散对数问题的解法. 将 g 的阶 M 做素因子分解

$$M = p_1^{t_1} p_2^{t_2} \cdots p_k^{t_k} = m_1 m_2 \cdots m_k, \quad m_j = p_1^{t_j}.$$

Pohlig-Hellman 算法的核心是将计算一般阶数的循环群的离散对数问题化成计算素数阶的离散对数问题.

现在假定我们有个算法 $\mathcal{A}$, 对于阶为素数 q 的群 $G' = \langle g' \rangle$ 和 $h' \in G'$, 有 $\mathcal{A}(g', h', q) = \log_{g'} h'$.

我们来解释 Pohlig-Hellman 算法求解 G 上离散对数问题 $g^x = h$ 的步骤.

(1) 先计算 $x \pmod{p_1^{t_1}}, x \pmod{p_2^{t_2}}, \cdots, x \pmod{p_k^{t_k}}$.

我们考虑计算 $x \pmod{p_j^{t_j}}$. 因为 $g^x = h$, 令 $c = \dfrac{M}{p_j}$, 则 g^c 的阶是素数 p_j. 记 $g^c = g', h^c = h', x_0 = x \pmod{p_j}$, 我们有

$$(g')^{x_0} = h'.$$

于是可以计算 $x_0 = \mathcal{A}(g', h', p_j)$.

如果 $t_j = 1$, 我们已完成任务. 假定 $t_j > 1$.

现在令 $c_1 = \dfrac{M}{p_j^2}$, 则 $g^{p_j c_1}$ 的阶仍是素数 p_j. 此时 x 可被表成 $x = x_0 + y p_j$, 因此 $g^{x_0}(g^{p_j})^y = h$, 即 $(g^{p_j})^y = h g^{-x_0}$. 记 $g^{p_j c_1} = g'', (h g^{-x_0})^c = h'', x_1 = y \pmod{p_j}$, 我们有

$$(g'')^{x_1} = h''.$$

于是可以计算 $x_1 = \mathcal{A}(g'', h'', p_j)$.

我们现在有 $y = x_1 + z p_j$, 所以 x 形如

$$x = x_0 + x_1 p_j + z p_j^2.$$

这时 $x \pmod{p_j^2}$ 已知. 如果 $t_j > 2$, 我们再重复上面的过程. 本质上我们用归纳的思想, 直到求出 $x \pmod{p_j^{t_j}}$.

(2) 最后用中国剩余定理求出 x.

完成前面步骤后, 我们已得到 $r_j = x \pmod{p_j^{t_j}} = x \pmod{m_j}, j = 1, 2, \cdots, k$. 由于 $0 \leqslant x < M$, 关于

$$
\begin{cases}
x \equiv r_1 \pmod{m_1}, \\
x \equiv r_2 \pmod{m_2}, \\
\cdots\cdots \\
x \equiv r_k \pmod{m_k}
\end{cases}
$$

的秦九韶公式即可给出 x.

我们下面给出 Pohlig-Hellman 算法的伪代码形式, 其中假定算法 $\mathcal{A}$ 已知.

算法 7 Pohlig-Hellman 算法

输入: M 循环群 $G = \langle g \rangle$, $h \in G$, $M = p_1^{t_1} p_2^{t_2} \cdots p_k^{t_k}$
输出: $0 \leqslant x < M$ 使 $h = g^x$

1: **function** POHLIG-HELLMAN(G, g, h, M)
2:     **for** each $1 \leqslant j \leqslant k$ **do**
3:         $i \leftarrow 0$
4:         $S \leftarrow 0$
5:         $\hat{g} \leftarrow g^{\frac{M}{p_j}}$
6:         **while** $i \leqslant t_j - 1$ **do**
7:             $h_i \leftarrow (hg^{-S})^{\frac{M}{p_j^{i+1}}}$
8:             $x_i \leftarrow \mathcal{A}(\hat{g}, h_i, p_j)$
9:             $S \leftarrow S + x_i p_j^i$
10:             $i \leftarrow i + 1$
11:         **end while**
12:         $r_j \leftarrow S$
13:     **end for**
14:     $x \leftarrow CRT(r_1, \cdots, r_k, p_1^{t_1}, \cdots, p_k^{t_k}, k)$
15:     **return** x
16: **end function**

Pohlig-Hellman 算法表明, 一个有限循环群的离散对数问题和该群中最大的素阶子群离散对数问题的困难性一致. 这就是为什么我们在密码学中只用素阶循环群的原因.

3.3.3 中国剩余定理与并行计算

在计算理论中, 中国剩余表示是指, 给定两两互素的正整数 $m_1, m_2, \cdots, m_k$ 和 $M = \prod_{j=1}^{k} m_j$, 将一个正整数 $0 \leqslant c < M$ 表示成定理 3.4 中的 $\Phi(c)$. 如果记

$$
r_j = r_j(c) = c \pmod{m_j},
$$

中国剩余表示即是

$$
c \mapsto (r_1, r_2, \cdots, r_k).
$$

中国剩余表示有很多优越性, 例如可以不为进位所烦. 它也是一种极适合并行计算的构造.

由于可以取 $0 \leqslant r_j < m_j$, 中国剩余定理可以将在大范围内的某个元素转化为一个 "向量", 其中每个分量被限制在小的局域内. 在定理 3.4 中, 直积 $\mathbb{Z}/m_1\mathbb{Z} \times \mathbb{Z}/m_2\mathbb{Z} \times \cdots \times \mathbb{Z}/m_k\mathbb{Z}$ 的运算是独立地对第 j 个分量在 $\mathbb{Z}/m_j\mathbb{Z}$ 中进行代数运算. 于是经过中国剩余表示, 基本的数学运算便可以在容易处理的尺度下进行, 并且这些容易计算的部分是可以并行的. 计算完成后, 还需把结果在 $\mathbb{Z}/M\mathbb{Z}$ 的框架中表示, 而用秦九韶公式完美地把所求的解答在 $\mathbb{Z}/M\mathbb{Z}$ 中还原.

整数算术的并行计算在整个并行计算理论中被证明是属于能够高效计算的一类. 对于输入长度为 n 的算术问题, 存在算法使用 $O(n^C)$ 个并行处理器, 在 $O(\log n)$[①] 时间内解决之, 这里 C 是一个常数. 更进一步, 对每个运算都存在一个确定的图灵机使用 $O(\log n)$ 空间来输出处理 n 比特整数的邻接表. 用复杂度的语言, 这表明整数算术的并行计算在一致对数空间的 NC^1 类中.

具体来说, 我们使用的中国剩余表示由 $k = O(n^C)$ 个互异的素数组成诸模数, 每个模数的大小为 $O(\log n)$ 比特. 我们先引用下面的弱形式的素数定理 (在第 6 讲中将有详细的讨论): 设 $x > 0$, $\pi(x) = |\{p < x : p \text{ 是素数}\}|$, 则存在正数 c, d 使

$$c\frac{n}{\log n} \leqslant \pi(n) \leqslant d\frac{n}{\log n}.$$

我们有

引理 3.1 设 n 为正整数, 则每个小于 2^n 的正整数都可以被模数为 $O(\log n)$ 比特的中国剩余系统表示.

证明 设 $0 < \delta < 1$ 满足

$$c2^{2\delta}\frac{1-\delta}{1+\delta} - d \geqslant 2^\delta,$$

设 $\ell = \lceil \log n \rceil$, 考虑 $(2^{\ell-\delta}, 2^{\ell+\delta}]$ 中的素数 $p_1, \cdots, p_r$. 令

$$P = \prod_{j=1}^{r} p_j.$$

由于 $p_j > 2^{\ell-\delta}$, 所以对每个 j, $\log p_j > \ell - \delta$.

$$\log P = \sum_{j=1}^{r} \log p_j > r(\ell - \delta),$$

---

① 本书讨论的对数在没有标明的情况下, 底数默认是 2 或 10.

$$\geqslant (\pi(2^{\ell+\delta}) - \pi(2^{\ell-\delta}))(\ell - \delta)$$

$$\geqslant \left(c\frac{2^{\ell+\delta}}{\ell+\delta} - d\frac{2^{\ell-\delta}}{\ell-\delta} \right)(\ell - \delta)$$

$$\geqslant 2^{\ell-\delta}\left(c2^{2\delta}\frac{\ell-\delta}{\ell+\delta} - d \right) \geqslant 2^{\ell}$$

$$\geqslant n.$$

这表明, 在中国剩余表示下, $O(\log n)$ 比特的模数足以用来表达 n 比特的整数. □

在这一理论中, 核验除法属于一致对数空间的 NC^1 类的工作经过了长期的努力. 在文献 [14] 中已证明计算两个 n 比特的数 x, y 的除法结果 $\left\lfloor \dfrac{y}{x} \right\rfloor$ 需要 $O(n^2)$ 个 $O(\log n)$ 比特的模数 (并行处理器). 我们在这里简要描述一个用 $O\left(\dfrac{n^2}{\log n} \right)$ 个 $O(\log n)$ 比特的模数的构造.

我们的目标是, 对于 $x, y < 2^n$, 计算出 $\left\lfloor \dfrac{x}{y} \right\rfloor$ 的中国剩余表示.

令 $N = \left\lfloor \dfrac{n^2}{\log n} \right\rfloor + 3n$.

假定 x, y 在中国剩余系统下可用模数 $m_1, m_2, \cdots, m_n$ 表示, 其中 m_i 是第 $(i+2)$ 个素数 (我们要求 $m_1 > 3$). 现将模数进一步扩充成下面的模数基:

$$\{m_1, m_2, \cdots, m_n, m_{n+1}, \cdots, m_N\}.$$

假定 $y > 2$, 我们将用模数基的前面一段和 2 的某个幂做乘积 D, 使之满足

$$\frac{1}{2} \leqslant \frac{y}{D} < 1.$$

首先取 $j < n$ 使得

$$m_1 m_2 \cdots m_j \leqslant y < m_1 m_2 \cdots m_j m_{j+1}.$$

再令 k 为使下式成立的最小数

$$y < 2^k m_1 m_2 \cdots m_j \quad \left(\text{于是 } \frac{y}{2^k m_1 m_2 \cdots m_j} \geqslant \frac{1}{2} \right),$$

下面的 D 即满足要求

$$D = 2^k m_1 m_2 \cdots m_j.$$

取 $r = \left\lfloor \dfrac{n}{\log n} \right\rfloor$. 如果 $n \geqslant 2^6$, 则 $\dfrac{n - \log n - (\log n)^2}{\log n} > 3$. 从 $m_{n+1} > 2n$
可得

$$
\begin{aligned}
(m_{n+1})^r &> (2n)^{\left\lfloor \frac{n}{\log n} \right\rfloor} \\
&\geqslant \left(2^{\log n + 1}\right)^{\frac{n}{\log n} - 1} \\
&= 2^{n + \frac{n - \log n - (\log n)^2}{\log n}} \\
&> 2^{n+3}.
\end{aligned}
\tag{3.8}
$$

因为 $n + (n+1)r \leqslant N$, 我们有足够多的模数组成下面的 $n+1$ 个乘积:

$$A_1 = m_{n+1} m_{n+2} \cdots m_{n+r},$$

$$A_2 = m_{n+r+1} m_{n+r+2} \cdots m_{n+2r},$$

$$\cdots\cdots$$

$$A_{n+1} = m_{n+nr+1} m_{n+nr+2} \cdots m_{n+(n+1)r}.$$

根据 (3.8), 我们知道对每个 $i = 1, 2, \cdots, n+1$, 都有 $A_i > 2^{n+3}$.
　　选取

$$t_i = \left\lfloor \frac{(D-y)A_i}{D} \right\rfloor, \quad i = 1, 2, \cdots, n+1.$$

由于 D, A_i 是一些互异模数之积, 文献 [14] 的结论保证计算 $t_i, \dfrac{t_i}{A_i}$ 是在一致对数
空间的 NC^1 中的. 进一步我们有

$$\frac{D-y}{D} - \frac{t_i}{A_i} = \frac{1}{A_i}\left(\frac{(D-y)A_i}{D} - \left\lfloor \frac{(D-y)A_i}{D} \right\rfloor\right) \geqslant 0,$$

$$\frac{D-y}{D} - \frac{t_i}{A_i} = \frac{1}{A_i}\left(\frac{(D-y)A_i}{D} - \left\lfloor \frac{(D-y)A_i}{D} \right\rfloor\right) \leqslant \frac{1}{A_i} < \frac{1}{2^{n+3}}.$$

令 $\eta = \min_{1 \leqslant i \leqslant n+1} \dfrac{t_i}{A_i}$, 则 $0 \leqslant \dfrac{D-y}{D} - \eta < \dfrac{1}{2^{n+3}}$, $\eta \leqslant \dfrac{1}{2}$. 记

$$\gamma = 1 + \frac{t_1}{A_1} + \frac{t_1 t_2}{A_1 A_2} + \cdots + \frac{t_1 t_2 \cdots t_{n+1}}{A_1 A_2 \cdots A_{n+1}},$$

则由算术并行计算的基本结果 (参见文献 [14]) 可知计算 γ 是属于一致对数空间
的 NC^1 的. 我们还有

$$\gamma \geqslant \sum_{i=0}^{n+1} \eta^i = \frac{1 - \eta^{n+2}}{1 - \eta}.$$

所以

$$\frac{D}{y} - \gamma \leqslant \frac{D}{y} - \frac{1 - \eta^{n+2}}{1 - \eta} = \left(\frac{D}{y} - \frac{1}{1 - \eta}\right) + \frac{\eta^{n+2}}{1 - \eta}$$

$$= \frac{\dfrac{D - y}{D} - \eta}{\left(1 - \dfrac{D - y}{D}\right)(1 - \eta)} + \frac{\eta^{n+2}}{1 - \eta}$$

$$\leqslant \frac{\dfrac{1}{2^{n+3}}}{\dfrac{1}{2} \cdot \dfrac{1}{2}} + \frac{\dfrac{1}{2^{n+2}}}{\dfrac{1}{2}} = \frac{1}{2^n}.$$

计算

$$K = \gamma A_1 A_2 \cdots A_{n+1}$$

$$= A_1 A_2 \cdots A_{n+1} + t_1 A_2 \cdots A_{n+1} + t_1 t_2 \cdots A_{n+1} + \cdots + t_1 t_2 \cdots t_{n+1}.$$

我们得到 $\left\lfloor \dfrac{x}{y} \right\rfloor$ 的一个理想逼近

$$x\frac{\gamma}{D} = \frac{Kx}{DA_1 A_2 \cdots A_{n+1}}$$

进而得到

$$\left\lfloor \frac{x}{y} \right\rfloor = \left\lfloor x\frac{\gamma}{D} \right\rfloor \quad \text{或} \quad \left\lfloor \frac{x}{y} \right\rfloor = \left\lfloor x\frac{\gamma}{D} \right\rfloor + 1.$$

这一过程都在一致对数空间的 NC^1 中, 数的表示方法是中国剩余表示. 最后我们指出, 中国剩余表示与二元表示之间的转换也是一致对数空间的 NC^1.

3.4 练习题

练习 3.1 证明秦九韶等式: 设 m_1, m_2 为两个互素的正整数. 令 $x = m_1^{-1}$ $(\mathrm{mod}\ m_2), y = m_2^{-1}\ (\mathrm{mod}\ m_1)$, 并要求 $0 < x < m_2, 0 < y < m_1$. 证明

$$xm_1 + ym_2 = 1 + m_1 m_2.$$

练习 3.2 用程序语言实现 3072 比特的 RSA (即, 所选取的素数 p, q 皆为 1536 比特).

1. 比较通常的解密过程与中国剩余定理下的解密过程的效率.

2. 讨论中国剩余定理下的解密过程的优化可能性.

练习 3.3   设 $0 \leqslant x_0 < M$ 为同余方程组 (3.3) 的解. 我们定义

$$\mathcal{R}(x_0) = \frac{\sum_{i=1}^{k} r_i u_i \dfrac{M}{m_i} - x_0}{M} = \sum_{i=1}^{k} \frac{r_i u_i}{m_i} - \frac{x_0}{M}$$

为 x_0 的中国剩余表示的秩. 设 t 为一个满足

$$\frac{k}{2^t} < \frac{1}{4}$$

的正整数, 并令

$$\sigma_i = \frac{\left\lfloor \dfrac{2^r r_i u_i}{m_i} \right\rfloor}{2^t}, \quad i = 1, 2, \cdots, k.$$

证明

$$\mathcal{R}(x_0) = \left\lfloor \sum_{i=1}^{k} \sigma_i \right\rfloor.$$

练习 3.4   求出一个 4 次多项式 $f \in \mathbb{Z}_5[x]$ 使

$$\begin{cases} f(x) \equiv 1 \pmod{x+1}, \\ x f(x) \equiv x+1 \pmod{x^2+1}, \\ \cdots\cdots \\ (x+1) f(x) \equiv (x+1) \pmod{x^3+1}. \end{cases}$$

第 4 讲

大整数乘法

本讲首先介绍几个著名的整数乘法快速算法, 从中我们看到人们为改进这个最重要的算术运算所付出的努力, 也能欣赏他们所获得的激动人心的结果. 我们会看到中国剩余定理的思想和快速傅里叶变换的技术的高超应用. 后一部分将介绍计算模乘的现代方法.

4.1 快速傅里叶变换

我们知道, 经过中国剩余表示或者经过傅里叶变换, 基本运算变得容易, 但结果还原需要傅里叶逆变换. 注意到傅里叶逆变换仍是一个傅里叶变换, 所以快速计算傅里叶变换本身是一个极其有意义的事情. n 次单位根的完美对称性为设计快速算法提供了可能. 1965 年, Cooley 和 Tukey[15] 独立地 (重新) 发现了一般的快速傅里叶变换方法, 因为有文献指出高斯在他的 1805 年的一个未发表的工作中已有快速傅里叶变换的思想. 快速傅里叶变换简记为 FFT (fast Fourier transform), 它的时间复杂度是 $O(n \log n)$, 有二十世纪十大最重要算法之一之美誉.

我们下面来介绍快速傅里叶变换, 将讨论 $n = 2^m$ 的情形.

设 $f(x) = \sum_{j=0}^{n-1} a_j x^j$, 重写 $f(x)$ 为 $f(x) = f_e(x) + x f_o(x)$, 其中

$$f_e(x) = \sum_{j=0}^{\frac{n}{2}-1} a_{2j} x^{2j}, \quad f_o(x) = \sum_{j=0}^{\frac{n}{2}-1} a_{2j+1} x^{2j}.$$

欲算	$f(1)$	$f(\omega)$	$f(\omega^2)$	$\cdots$	$f(\omega^{n-1})$
假如	$f_e(1)$	$f_e(\omega^2)$	$f_e(\omega^4)$	$\cdots$	$f_e(\omega^{2(n-1)})$
已知	$f_o(1)$	$f_o(\omega^2)$	$f_o(\omega^4)$	$\cdots$	$f_o(\omega^{2(n-1)})$
只需	$f_e(1)+$	$f_e(\omega^2)+$	$f_e(\omega^4)+$	$\cdots$	$f_e(\omega^{2(n-1)})+$
计算	$1 \cdot f_o(1)$	$\omega f_o(\omega^2)$	$\omega^2 f_o(\omega^4)$	$\cdots$	$\omega^{n-1} f_o(\omega^{2(n-1)})$

如果令 $y = x^2$, 则 f_o, f_e 都是 y 的 $\dfrac{n}{2} - 1$ 次多项式. 下表说明 $n - 1$ 次多项式的取值可以通过两个 $\dfrac{n}{2} - 1$ 次多项式的取值计算出来, 这样便可进行递归.

由此我们有快速傅里叶变换算法.

算法 8 快速傅里叶变换–(1)

输入: 正整数 $n = 2^m$, n 次单位根 $\omega, \cdots, \omega^{n-1}$, 次数小于 n 的多项式 f

输出: 复向量 $(f(1), f(\omega), \cdots, f(\omega^{n-1}))$

1: **function** FFT(f, ω, n)
2: 　　**if** $n = 1$ **then**
3: 　　　　**return** $(f(1))$
4: 　　**end if**
5: 　　$(f_e(1), f_e(\omega^2), \cdots, f_e(\omega^{n-2})) \leftarrow$ FFT $\left(f_e, \omega^2, \dfrac{n}{2} \right)$
6: 　　$(f_o(1), f_o(\omega^2), \cdots, f_o(\omega^{n-2})) \leftarrow$ FFT $\left(f_o, \omega^2, \dfrac{n}{2} \right)$
7: 　　**for** $j = 0$ to $n - 1$ **do**
8: 　　　　$f(\omega^j) \leftarrow f_e(\omega^{2j}) + \omega^j f_o(\omega^{2j})$
9: 　　**end for**
10: 　　**return** $(f(1), f(\omega), \cdots, f(\omega^{n-1}))$
11: **end function**

我们注意到 $\omega^{j + \frac{n}{2}} = -\omega^j$, 算法里的循环 (7—9) 可以进一步改为

$$\textbf{for } j = 0 \text{ to } \frac{n}{2} - 1 \textbf{ do}$$

$$f(\omega^j) \leftarrow f_e(\omega^{2j}) + \omega^j f_o(\omega^{2j})$$

$$f(\omega^{j + \frac{n}{2}}) \leftarrow f_e(\omega^{2j}) - \omega^j f_o(\omega^{2j})$$

$$\textbf{end for}$$

我们可以少计算 $\dfrac{n}{2}$ 个形如 $\omega^j f_o(\omega^{2j})$ 的乘积.

我们现在分析一下 FFT 的复杂度. 设 $T(n)$ 为 n 阶 FFT 的步骤数, 我们看到

$$T(n) \leqslant 2T\left(\frac{n}{2} \right) + Cn.$$

所以

$$T(n) \leqslant 2T\left(\frac{n}{2} \right) + Cn \leqslant 2\left(2T\left(\frac{n}{4} \right) + C\frac{n}{2} \right) + Cn = 4T\left(\frac{n}{4} \right) + 2Cn$$

$$\leqslant 4\left(2T\left(\frac{n}{8} \right) + C\frac{n}{4} \right) + 2Cn = 8T\left(\frac{n}{8} \right) + 3Cn \leqslant \cdots$$

$$\leqslant 2^{m-1}T(2) + (m-1)Cn \leqslant C'n\log_2 n.$$

上面的估计告诉我们 FFT 的复杂度是 $O(n\log n)$, 远远优于朴素算法下的 $O(n^2)$.

我们最后考虑在 $\mathbb{C}[x]/(x^n-1)$ 中的 "多项式" 乘法: $f(x)g(x) \pmod{x^n-1}$. 利用 FFT, 其过程如下:

时域 $\mathbb{C}[x]/(x^n-1)$		频域 $\mathbb{C}^N$	花销
$f(x)$	$\Longrightarrow$	$(f(1), f(\omega), \cdots, f(\omega^{n-1}))$	$O(N\log N)$
$g(x)$	$\Longrightarrow$	$(g(1), g(\omega), \cdots, g(\omega^{n-1}))$	$O(N\log N)$
		分量 $\Downarrow$ 相乘	$O(N)$
$f(x)g(x) \pmod{x^N-1}$	$\Longleftarrow$	$(f(1)g(1), \cdots, f(\omega^{n-1})g(\omega^{n-1}))$	$O(N\log N)$

令 $h(x) = f(1)g(1) + f(\omega)g(\omega)x + \cdots + f(\omega^{n-1})g(\omega^{n-1})x^{n-1}$, 那么

$$f(x)g(x) \pmod{x^n-1}$$
$$= \frac{1}{n}\left(h(1) + h(\omega^{-1})x + \cdots + h(\omega^{-n+1})x^{n-1}\right).$$

这表明, 多项式乘法的复杂度是 $O(n\log n)$, 显示了快速傅里叶变换的巨大威力. 如果 $\deg(fg) < n$, 那么

$$f(x)g(x) \pmod{x^n-1} = f(x)g(x)$$

是确切的乘积.

在算法 8 中, 我们需要大量地计算形如

$$f(\omega^j) \leftarrow f_e(\omega^{2j}) + \omega^j f_o(\omega^{2j}),$$
$$f(\omega^{j+\frac{n}{2}}) \leftarrow f_e(\omega^{2j}) - \omega^j f_o(\omega^{2j})$$

的结构, 它们被抽象地写成 $X + WY, X - WY$, 叫做蝶形结构. 优化这一部分的实现有助于提升快速傅里叶变换的效率.

在本节的最后, 我们描述另外一种把小于 n 次多项式的一些操作化成小于 $\frac{n}{2}$ 次多项式的操作, 进而使用二分法的策略得到一个不同的快速傅里叶变换方法.

考虑多项式 $f(x) = \sum_{j=0}^{n-1} a_j x^j$, 并令

$$f_p(x) = \sum_{j=0}^{\frac{n}{2}-1}(a_j + a_{j+\frac{n}{2}})x^j, \quad f_m(x) = \sum_{j=0}^{\frac{n}{2}-1}(a_j - a_{j+\frac{n}{2}})\omega^j x^j,$$

则可验证, f 在 $1, \omega, \cdots, \omega^{n-1}$ 的取值同样能够通过两个 $\frac{n}{2} - 1$ 次多项式 f_p, f_m 的取值来表达

$$
\begin{aligned}
&f(1) = f_p(1), && f(\omega) = f_m(1), \\
&f(\omega^2) = f_p(\omega^2), && f(\omega^3) = f_m(\omega^2), \\
&\cdots\cdots \\
&f(\omega^{n-2}) = f_p(\omega^{n-2}), && f(\omega^{n-1}) = f_m(\omega^{n-2}).
\end{aligned} \tag{4.1}
$$

对应 (4.1), 我们有下述快速傅里叶变换算法.

算法 9 快速傅里叶变换-(2)

输入: 正整数 $n = 2^m$, n 次单位根 $\omega, \cdots, \omega^{n-1}$, 次数小于 n 的多项式 f

输出: 复向量 $(f(1), f(\omega), \cdots, f(\omega^{n-1}))$

1: **function** FFT2(f, ω, n)
2:      **if** $n = 1$ **then**
3:          **return** $(f(1))$
4:      **end if**
5:      $(f_p(1), f_p(\omega^2), \cdots, f_p(\omega^{n-2})) \leftarrow$ FFT2 $\left(f_p, \omega^2, \frac{n}{2}\right)$
6:      $(f_m(1), f_m(\omega^2), \cdots, f_m(\omega^{n-2})) \leftarrow$ FFT2 $\left(f_m, \omega^2, \frac{n}{2}\right)$
7:      **return** $(f_p(1), f_m(1), f_p(\omega^2), f_m(\omega^2), \cdots, f_p(\omega^{n-2}), f_m(\omega^{n-2}))$
8: **end function**

我们注意到算法 9 所用到的 f_p, f_m 需要基本计算 $(a_j + a_{j+\frac{n}{2}})$ 和 $(a_j - a_{j+\frac{n}{2}})\omega^j$, 它们形如 $X + Y, (X - Y)W$. 这是另一种蝶形结构, 也是运算效率要关注的重点.

4.2 大整数乘法的算法演进

4.2.1 Karatsuba 算法

我们知道, 对于 n 比特的两个数, 古代的乘法计算所需的时间是 $O(n^2)$. 二十世纪中叶, 著名数学家 Kolmogorov 问道: 这个 $O(n^2)$ 复杂度是否在通常进制表示下无法突破? 当时还是学生的 Karatsuba 从 "否" 的方向回答了这一问题, 他设计了一个 $O(n^{1.585})$ 算法. 我们先用一个例子来说明这个方法. 考虑

$$\Pi = 162757316234 \times 498261307651,$$

$$\Pi = (162757 \cdot 10^6 + 316234) \times (498261 \cdot 10^6 + 307651)$$

$$= (162757 \cdot 498261)10^{12} + (316234 \cdot 307651)$$

$$+ (162757 \cdot 307651 + 316234 \cdot 498261)10^6$$

$$= (162757 \cdot 498261)10^{12} + (316234 \cdot 307651)$$

$$+ \big[(162757 + 316234) \cdot (307651 + 498261)$$

$$- 162757 \cdot 498261 - 316234 \cdot 307651\big]10^6.$$

在这个例子中, 四个 6 位数的积被三个 6 位数的积代替.

一般地, 下面的观察是 Karatsuba 方法的基础.

(1) 假定 $n = 2^m$. n 比特的数 x, y 可被写成 $x = 2^{\frac{n}{2}}x_L + x_R, y = 2^{\frac{n}{2}}y_L + y_R$, 其中 $0 \leqslant x_L, x_R, y_L, y_R < 2^{\frac{n}{2}}$.

(2) 于是 $xy = 2^n x_L y_L + 2^{\frac{n}{2}}(x_L y_R + x_R y_L) + x_R y_R$.

(3) 四个 $\frac{n}{2}$ 比特乘法 $x_L y_L, x_L y_R, x_R y_L$ 和 $x_R y_R$ 被三个 $\left(\frac{n}{2} + 1\right)$ 比特乘法 $x_L y_L, x_R y_R$ 和 $(x_L + x_R)(y_L + y_R)$ 以及两个加法代替.

(4) 这是因为 $(x_L y_R + x_R y_L) = (x_L + x_R)(y_L + y_R) - x_L y_L - x_R y_R$.

对每个 $\left(\frac{n}{2}\right)$ 比特乘法, 我们再进行这样的动作, 便有 Karatsuba 算法.

算法 10 Karatsuba 算法

输入: 正整数 $n = 2^m$ 和 n 比特整数 x, y

输出: xy

1: **function** KARATSUBA(x, y)
2:     **if** $n = 1$ **then**
3:         **return** xy
4:     **end if**
5:     $(x_L, x_R) \leftarrow (x$ 的左边 $\frac{n}{2}$ 比特, x 的右边 $\frac{n}{2}$ 比特)
6:     $(y_L, y_R) \leftarrow (y$ 的左边 $\frac{n}{2}$ 比特, x 的右边 $\frac{n}{2}$ 比特)
7:     $B_1 \leftarrow$ KARATSUBA(x_L, y_L)
8:     $B_2 \leftarrow$ KARATSUBA(x_R, y_R)
9:     $B_3 \leftarrow$ KARATSUBA$(x_L + x_R, y_L + y_R)$
10:     **return** $2^n B_1 + 2^{\frac{n}{2}}(B_3 - B_1 - B_2) + B_2$
11: **end function**

关于 Karatsuba 算法的复杂度分析同 FFT 的分析类似. 设 $T(n)$ 为算法计算 n $(n = 2^m)$ 比特输入所需的步骤数, 我们有如下递归关系:

$$T(n) \leqslant 3T\left(\frac{n}{2}\right) + Cn.$$

于是

$$T(n) \leqslant 3T\left(\frac{n}{2}\right) + Cn \leqslant 3\left(3T\left(\frac{n}{4}\right) + C\frac{n}{2}\right) + Cn$$

$$= 9T\left(\frac{n}{4}\right) + \left(1 + \frac{3}{2}\right)Cn \leqslant 9\left(3T\left(\frac{n}{8}\right) + C\frac{n}{4}\right) + \left(1 + \frac{3}{2}\right)Cn$$

$$\leqslant 27T\left(\frac{n}{8}\right) + \left(1 + \frac{3}{2} + \left(\frac{3}{2}\right)^2\right)Cn \leqslant \cdots$$

$$\leqslant 2^{m-1}T(2) + \left(1 + \frac{3}{2} + \cdots + \left(\frac{3}{2}\right)^{m-1}\right)Cn$$

$$\leqslant (T(2) + C)3^m \leqslant C'n^{1.585}.$$

故 $T(n) = O(n^{1.585})$.

4.2.2　Schönhage-Strassen 大整数乘法算法

在 Karatsuba 算法之后, 整数乘法领域中最重要的进展是 Schönhage-Strassen 的两个算法[16]. 快速傅里叶变换的技术和思想在这些算法中也得到了进一步的发展. 在此我们先介绍复杂度为 $O(n\log n\log\log n)$ 的一个算法, 这是文献 [16] 中的第二个算法, 他们的第一个算法将在介绍新近突破时简述.

今设 $n = 2^k$. 我们考虑比特长度至少为 n 的正整数 a, b, 先看它们乘积模 $2^n + 1$ 的结果.

设 a, b 的二进制表示为

$$a = a_0 + a_1 2 + a_2 2^2 + \cdots + a_{n-1}2^{n-1},$$
$$b = b_0 + b_1 2 + b_2 2^2 + \cdots + b_{n-1}2^{n-1}.$$

我们要计算

$$c = a \cdot b \pmod{2^n + 1}.$$

记

$$c = c_0 + c_1 2 + c_2 2^2 + \cdots + c_{n-1}2^{n-1} + c_n 2^n.$$

这个运算的比特计算步骤数将用 $T(n)$ 表示.

约简　令 $m = 2^{\lfloor \frac{k}{2} \rfloor}, t = 2^{\lceil \frac{k}{2} \rceil}$, 我们看到 $mt = n$, $m|t$.

记 $\tilde{a}_j = a_{jt} + a_{jt+1}2 + \cdots + a_{(j+1)t-1}2^{t-1}, \tilde{b}_j = b_{jt} + b_{jt+1}2 + \cdots + b_{(j+1)t-1}2^{t-1}$ 并构造两个多项式

$$\tilde{a}(x) = \tilde{a}_0 + \tilde{a}_1 x + \cdots + \tilde{a}_{m-1}x^{m-1},$$
$$\tilde{b}(x) = \tilde{b}_0 + \tilde{b}_1 x + \cdots + \tilde{b}_{m-1}x^{m-1}.$$

改写 a, b 的表达式为 2^t 进制表示

$$a = (a_0 + \cdots + a_{t-1}2^{t-1}) + (a_t + \cdots + a_{2t-1}2^{t-1})2^t + \cdots$$
$$+ (a_{(m-1)t} + \cdots + a_{mt-1}2^{t-1})2^{t(m-1)}$$
$$= \tilde{a}_0 + \tilde{a}_1 2^t + \cdots + \tilde{a}_{m-1}(2^t)^{m-1} = \tilde{a}(2^t),$$
$$b = (b_0 + \cdots + b_{t-1}2^{t-1}) + (b_t + \cdots + b_{2t-1}2^{t-1})2^t + \cdots$$
$$+ (b_{(m-1)t} + \cdots + b_{mt-1}2^{t-1})2^{t(m-1)}$$
$$= \tilde{b}_0 + \tilde{b}_1 2^t + \cdots + \tilde{b}_{m-1}(2^t)^{m-1} = \tilde{b}(2^t).$$

记 $\tilde{c}(x) = \tilde{a}(x)\tilde{b}(x) \pmod{x^m + 1}$, 再记其系数表示为

$$\tilde{c}(x) = \tilde{c}_0 + \tilde{c}_1 x + \cdots + \tilde{c}_{m-1}x^{m-1}.$$

我们已知 $c = ab \pmod{2^n + 1}$, 所以

$$c = \tilde{a}(2^t)\tilde{b}(2^t) \pmod{2^n + 1} = \tilde{c}(2^t) \pmod{2^n + 1}.$$

如果我们能够确定 $\tilde{c}(x)$ 的系数, 便可以立即得到 c.

多项式 $\tilde{c}(x)$ 系数的确定 因为多项式 $\tilde{a}(x)$ 和 $\tilde{b}(x)$ 次数小于 m 并且它们的系数都在 $[0, 2^t)$ 中, 所以 $\tilde{c}(x)$ 的系数必属于区间 $(-m(2^{2t}+1), m(2^{2t}+1))$. 于是只需计算

$$\tilde{c}(x) \pmod{2m(2^{2t}+1)}.$$

此事可被进一步归结为

(1) 计算 $\tilde{c}(x) \pmod{2^{2t}+1}$;

(2) 计算 $\tilde{c}(x) \pmod{2m}$;

(3) 然后通过中国剩余定理得出 $\tilde{c}(x) \pmod{2m(2^{2t}+1)}$.

首先**计算** $\tilde{c}(x) \pmod{2^{2t}+1}$.

考虑交换环 $R = \mathbb{Z}_{2^{2t}+1}$. 令

$$\eta = \begin{cases} 4, & \text{如果 } t = m, \\ 16, & \text{如果 } t = 2m. \end{cases}$$

容易验证在 R 中 $\eta^m = -1, \eta^{2m} = 1$, 所以 η 是 R 的 $2m$ 次本原单位根.

前面提到 $\tilde{a}(x)$ 和 $\tilde{b}(x)$ 的系数皆非负且小于 2^t, 因此它们都在 $R[x]$ 中, 另外显然 $m = 2^{\lfloor \frac{k}{2} \rfloor}$ 在 R 中可逆.

令 $y = \eta x$, 则由 $\tilde{c}(x) = \tilde{a}(x)\tilde{b}(x) \pmod{x^m + 1}$ 可知

$$\tilde{c}(\eta^{-1}y) = \tilde{a}(\eta^{-1}y)\tilde{b}(\eta^{-1}y) \pmod{y^m - 1}.$$

设 $\tilde{a}(\eta^{-1}y)$ 和 $\tilde{b}(\eta^{-1}y)$ 的傅里叶变换分别为

$$\mathcal{F}(\tilde{a}(\eta^{-1}y)) = (r_0, r_1, \cdots, r_{m-1}),$$
$$\mathcal{F}(\tilde{b}(\eta^{-1}y)) = (q_0, q_1, \cdots, q_{m-1}).$$

对 $(r_0q_0, r_1q_1, \cdots, r_{m-1}q_{m-1})$ 做逆变换便可以得到 $\tilde{c}(\eta^{-1}y)$.

现设 $\tilde{c}(\eta^{-1}y) = \alpha'_0 + \alpha'_1 y + \cdots + \alpha'_{m-1}y^{m-1}$, 我们就导出了 $\tilde{c}(x)$ 的系数:

$$\tilde{c}_i \equiv \alpha'_i(\eta^{-1})^i \pmod{2^{2t} + 1}.$$

这个过程需要的运算量分析总结如下.

(a) 计算 $\mathcal{F}(\tilde{a}(\eta^{-1}y)), \mathcal{F}(\tilde{b}(\eta^{-1}y))$, 涉及 R 中的运算是加、减和 R 中的元乘以 η 的幂 (注意 $(\eta^{-1})^i = \eta^{2m-i}$), 因此这个过程的比特计算量是

$$O(tm \log m) = O(n \log n).$$

(b) 计算乘积 $(r_0q_0, r_1q_1, \cdots, r_{m-1}q_{m-1})$, 其中 $r_j, q_j \in R = \mathbb{Z}_{2^{2t}+1}$. 如果 $r_j, q_j < 2^{2t}$, 则 r_jq_j 的计算量是 $T(2t)$. 如果 r_j, q_j 中有一个或皆是 2^{2t}, 其结果非常简单, 计算量为 $O(t)$, 低于 $T(2t)$. 于是这个环节的总计算量是

$$mT(2t).$$

(c) 对 $(r_0q_0, r_1q_1, \cdots, r_{m-1}q_{m-1})$ 进行逆变换求得 $\tilde{c}(\eta^{-1}y) = \alpha_0 + \alpha_1 y + \cdots + \alpha_{m-1}y^{m-1}$, 然后再计算 $\tilde{c}_j$. 比特运算量是

$$O(tm \log m) = O(n \log n).$$

(d) 进而, 总的比特运算量最多是

$$mT(2t) + C_1 n \log n.$$

下面**计算** $\tilde{c}(x) \pmod{2m}$. 回顾 $\tilde{c} = \tilde{a}\tilde{b} \pmod{x^m + 1}$, $2m = 2^{\lfloor \frac{k}{2} \rfloor + 1}$. 我们假定 $\tilde{a}, \tilde{b}$ 的系数均已在 0 和 $2m - 1$ 之间, 因为计算模 $2m$ 至多需要 $2m$ 比特计算, 所以对于 $\tilde{a}, \tilde{b}$ 模 $2m$, 至多需要 $O(m^2) = O(n)$ 比特计算.

现在考察 $\tilde{z}(x) = \tilde{a}(x)\tilde{b}(x)$ 之系数. 这个乘积多项式的每个系数都是 m 个 $\tilde{a}$ 的系数与 $\tilde{b}$ 的系数之积的和, 故在区间 $[0, m(2m)^2)$ 内. 因为 $4m^3 = 2^{3\lfloor \frac{k}{2} \rfloor + 2}$, 从

$\tilde{z}(4m^3)$ 的二进制表达式可直接读出 $\tilde{z}(x)$ 的系数 (每 $3\left\lfloor\frac{k}{2}\right\rfloor + 2$ 比特一段). 所以我们只需求出 $\tilde{z}(4m^3)$ 之值而避免直接计算多项式乘积.

最后注意到 $\tilde{z}(x) \pmod{x^m + 1}$ 的每个系数是 $\tilde{z}(x)$ 的两个系数之差.

我们分析一下这个计算过程:

(a) 计算 $A = \tilde{a}(4m^3)$ 与 $B = \tilde{b}(4m^3)$, 这两个数都小于

$$m(2m(4m^3)^{m-1}) = 2^{k+1+(3\lfloor\frac{k}{2}\rfloor+2)(m-1)},$$

故它们的比特长度都不超过

$$k + 1 + \left(3\left\lfloor\frac{k}{2}\right\rfloor + 2\right)(m - 1) \leqslant O(\sqrt{n}\log n).$$

接下来, 用 Karatsuba 算法计算乘积 $Z = AB$, 用时

$$O((\sqrt{n}\log n)^{\log_2 3}) \leqslant O(n).$$

(b) 由于 $Z = \tilde{z}(4m^3)$, 我们从其二进制表达式即可读出 $\tilde{z}(x)$ 的系数, 用时 $O(n)$.

(c)

$$\tilde{z} \quad (\mathrm{mod}\ x^m + 1) = (\tilde{z}_0 - \tilde{z}_m) + (\tilde{z}_1 - \tilde{z}_{m+1})x + \cdots + (\tilde{z}_{m-1} - \tilde{z}_{2m-2})x^{m-1}$$

即是 $\tilde{c} \pmod{2m}$.

(d) 进而, 这一过程总的比特运算量最多是 $O(n)$.

最后**计算** $\tilde{c}(x) \pmod{2m(2^{2t} + 1)}$. 现在我们已有

$$\tilde{c}(x) \quad (\mathrm{mod}\ 2m) = \alpha_0 + \alpha_1 x + \cdots + \alpha_{m-1}x^{m-1},$$

$$\tilde{c}(x) \quad (\mathrm{mod}\ 2^{2t} + 1) = \beta_0 + \beta_1 x + \cdots + \beta_{m-1}x^{m-1}.$$

我们需要

$$\tilde{c}(x) \quad (\mathrm{mod}\ 2m(2^{2t} + 1)) = c_0 + c_1 x + \cdots + c_{m-1}x^{m-1}$$

满足

$$\begin{cases} c_j \equiv \alpha_j \pmod{2m}, \\ c_j \equiv \beta_j \pmod{2^{2t} + 1}. \end{cases}$$

记 $u = 2^{2t-\lfloor\frac{k}{2}\rfloor-1}$, 那么

$$2^{2t} + 1 - 2mu = 1,$$

于是

$$c_j \equiv \alpha_j(2^{2t} + 1) - \beta_j 2mu \pmod{2m(2^{2t} + 1)},$$

即

$$c_j \equiv \alpha_j(2^{2t} + 1) - 2^{2t}\beta_j \pmod{2m(2^{2t} + 1)}$$

$$= (2^{2t} + 1)(\alpha_j - \beta_j) + \beta_j \pmod{2m(2^{2t} + 1)}$$

$$= \left\{ (2^{2t} + 1)\left((\alpha_j - \beta_j) \pmod{2m}\right) + \beta_j \right\} \pmod{2m(2^{2t} + 1)},$$

记 $\gamma_j = \left\{ (2^{2t} + 1)\left((\alpha_j - \beta_j) \pmod{2m}\right) + \beta_j \right\}$, 因为 $0 \leqslant \gamma_j \leqslant 4m(2^{2t} + 1)$, 我们可取

$$c_j = \begin{cases} \gamma_j, & \text{如果 } \gamma_j < 2m(2^{2t} + 1), \\ 4m(2^{2t} + 1) - \gamma_j, & \text{如果 } \gamma_j \geqslant 2m(2^{2t} + 1). \end{cases}$$

可以论断, 这个过程耗时 $O(n)$.

总的复杂度分析　我们的断言是, 对于充分大的 n, 两个 n 比特整数乘积的时间复杂度是

$$T(n) = O(n \log n \log \log n).$$

综合前面的讨论, 我们已经得到, 对于 $n = 2^k$, $m = 2^{\lfloor \frac{k}{2} \rfloor}$, $t = 2^{\lceil \frac{k}{2} \rceil}$,

$$T(n) \leqslant mT(2t) + cn \log n.$$

我们做归纳假设:

$$T(\ell) \leqslant C\ell \log \ell \log \log \ell,$$

于是, 当取 n 满足 $n > 2^8$, $0.165 \log n \geqslant 4 \log \log n$, 并选择 $C = 4c$, 可得

$$T(n) \leqslant mT(2t) + cn \log n$$

$$\leqslant C2mt \log 2t \log \log 2t + cn \log n$$

$$\leqslant C2n \log(4\sqrt{n}) \log \log(4\sqrt{n}) + cn \log n$$

$$\leqslant C2n \left(2 + \frac{1}{2} \log n\right) \log \left(2 + \frac{1}{2} \log n\right) + cn \log n$$

$$\overset{n > 2^8}{\leqslant} C2n \left(2 + \frac{1}{2} \log n\right) \left(\log \log n - \log \frac{4}{3}\right) + cn \log n$$

$$
\begin{aligned}
&= Cn \log n \log \log n - \left(\log \frac{4}{3} C - c \right) n \log n + 4Cn \log \log n \\
&\quad - 2Cn \log \frac{4}{3} \\
&< Cn \log n \log \log n - \left(\log \frac{4}{3} C - c \right) n \log n + 4Cn \log \log n \\
&= Cn \log n \log \log n - \left(\log \frac{4}{3} C - c - \frac{4C \log \log n}{\log n} \right) n \log n \\
&= Cn \log n \log \log n - \left(\left(\log \frac{4}{3} - \frac{4 \log \log n}{\log n} \right) C - c \right) n \log n \\
&< Cn \log n \log \log n - \left(\left(0.415 - \frac{4 \log \log n}{\log n} \right) C - c \right) n \log n \\
&< Cn \log n \log \log n.
\end{aligned}
$$

4.3 大整数乘法的最新突破

我们必须指出, 前面的算法在 n 足够大时才会看到效率的明显提升, 目前 Karatsuba 算法仍是常用的选择. 1971 年 Schönhage-Strassen 提出了下面的猜测, 整数乘法的复杂度是 $\Omega(n \log n)$. 人们为了这个目标努力了近半个世纪, 发展了一系列技术, 不断取得了一些新进展. 2021 年, Harvey 和 van der Hoeven 证明了整数乘法的确可在 $O(n \log n)$ 时间内完成[17], 给出了 Schönhage-Strassen 猜测的上界证明. 当然, 这是一个极其理论性的结果, 他们的算法的有效性远远脱离当前实际要求.

我们在本节将通过简介力求反映 Harvey-van der Hoeven 算法的一些本质思想和可以借鉴的技术.

我们用 $M(n)$ 表示 n 比特数乘法所需的时间.

4.3.1 Schönhage-Strassen 第一个乘法算法

新近的 Harvey-van der Hoeven 整数乘法算法的出发点不同于 4.2 节所描述的 Schönhage-Strassen 大整数乘法算法, 而是接近于另一个 Schönhage-Strassen 算法, 即 Schönhage-Strassen 第一个乘法算法. 这个算法是快速傅里叶变换的一个直接应用, 其复杂度较 4.2 节的方法差.

设有 n 比特正整数 a, b. 将 a, b 的每 $t = \lceil \log_2 n \rceil$ 比特分一块, 得

$$
\begin{aligned}
a &= \tilde{a}_0 + \tilde{a}_1 2^t + \cdots + \tilde{a}_{m-1} (2^t)^{m-1} = \tilde{a}(2^t), \\
b &= \tilde{b}_0 + \tilde{b}_1 2^t + \cdots + \tilde{b}_{m-1} (2^t)^{m-1} = \tilde{b}(2^t).
\end{aligned}
\tag{4.2}
$$

用傅里叶变换计算
$$h(x) = \tilde{a}(x)\tilde{b}(x),$$

其中复数计算限制其精度在 $O(\log_2 n)$ 之内, 所用的时间将是
$$M(n) = O(nM(\log n)) + O(n\log n) = O(nM(\log n)).$$

这个方法把 n 比特数的乘法转化为 $t = \lceil \log_2 n \rceil$ 比特数的乘法. 最后计算 $h(2^t)$ 来得到乘积 ab 的值, 其时间复杂度是 $O(n)$.

从关系式 $M(n) = O(nM(\log n))$, 我们可以得到算法复杂度进一步的精确刻画:
$$M(n) = O(nM(\log n)) = O(n\log n M(\log\log n))$$
$$= \cdots = O(C^{\log^* n} n \log n \log\log n \cdots \log^{[\log^* n-1]} n),$$

其中 $\log^*$ 的定义如下: 对于 $x > 0$,
$$\log^* x = \begin{cases} 0, & \text{如果 } x \leqslant 1, \\ \log^*(\log x) + 1, & \text{如果 } x > 1. \end{cases}$$

4.3.2   多维离散傅里叶变换和几个特别的技术

设 $t_1, t_2, \cdots, t_d \geqslant 1$ 为整数, $\mathbb{C}$ 上的 $t_1 t_2 \cdots t_d$ 维空间被写成张量积的形式, 可以用来表明我们准备对 $t_1, t_2, \cdots, t_d$ 几个维数分别进行处理:
$$\mathbb{C}^{t_1 t_2 \cdots t_d} = \mathbb{C}^{t_1} \otimes_{\mathbb{C}} \mathbb{C}^{t_2} \otimes_{\mathbb{C}} \cdots \otimes_{\mathbb{C}} \mathbb{C}^{t_d}.$$

对于 $\mathbb{C}$ 上的一个一般的 $t_1 t_2 \cdots t_d$ 维向量, 常用 $u = (u_{j_1, \cdots, j_d})$ 来表示. 对 $1 \leqslant k \leqslant d$, 再记 $\omega_k = \mathrm{e}^{-\frac{2\pi i}{t_k}}$ 为 t_k 次本原单位根. 向量 $u \in \mathbb{C}^{t_1 t_2 \cdots t_d}$ 的离散傅里叶变换定义为
$$\widehat{u}_{h_1, \cdots, h_d} = \sum_{j_1=0}^{t_1-1} \cdots \sum_{j_d=0}^{t_d-1} u_{j_1, \cdots, j_d} \omega_1^{h_1 j_1} \cdots \omega_d^{h_d j_d}.$$

这里的变换施行于向量, 与之前的函数或多项式变换并无本质差异. 我们指出空间 $\mathbb{C}^{t_1 t_2 \cdots t_d}$ 可以等同于映射空间
$$\mathbb{C}^{\mathbb{Z}_{t_1} \times \mathbb{Z}_{t_2} \times \cdots \times \mathbb{Z}_{t_d}} = \{f : \mathbb{Z}_{t_1} \times \mathbb{Z}_{t_2} \times \cdots \times \mathbb{Z}_{t_d} \to \mathbb{C}\},$$

每个 $u \in \mathbb{C}^{t_1 t_2 \cdots t_d}$ 对应映射
$$\begin{aligned} f_u: \quad & \mathbb{Z}_{t_1} \times \mathbb{Z}_{t_2} \times \cdots \times \mathbb{Z}_{t_d} && \to \mathbb{C} \\ & (j_1, \cdots, j_d) && \mapsto u_{j_1, \cdots, j_d}. \end{aligned}$$

这种表示能够更确切地体现出函数定义在一个群上, 而群运算正是形成函数卷积所必需的.

在对应

$$u \mapsto p_u(x_1, \cdots, x_d) = \sum_{j_1=0}^{t_1-1} \cdots \sum_{j_d=0}^{t_d-1} u_{j_1, \cdots, j_d} x_1^{j_1} \cdots x_d^{j_d}$$

之下, $\mathbb{C}^{t_1 t_2 \cdots t_d}$ 可以等同于多项式商环

$$\mathbb{C}[x_1, \cdots, x_d]/(x_1^{t_1} - 1, \cdots, x_d^{t_d} - 1),$$

所以

$$\widehat{u}_{h_1, \cdots, h_d} = p_u(\omega_1^{h_1}, \cdots, \omega_d^{h_d}).$$

对 d 个变量依次做快速傅里叶变换, 可以核验多维傅里叶变换的复杂度是

$$O(t_1 \cdots t_d \log(t_1 \cdots t_d)).$$

然而, 对于多维的情况, 4.2 节中 Schönhage 和 Strassen 的技术被 Nussbaumer 进一步发展[18]. 其思想如下, 如果 $t_1, \cdots, t_d$ 都是 2 的幂且 t_d 最大, 我们记 $r = \dfrac{t_d}{2}$ 并令 $K = \mathbb{C}[y]/(y^r + 1)$. 于是 $\mathbb{C}[x_1, \cdots, x_d]/(x_1^{t_1} - 1, \cdots, x_d^{t_d} - 1)$ 变成

$$K[x_1, \cdots, x_{d-1}]/(x_1^{t_1} - 1, \cdots, x_{d-1}^{t_{d-1}} - 1).$$

环 K 中元素 $y^{\frac{t_d}{t_j}}$ 是 t_j 次单位根. 所以对 x_j $(j < d)$ 做快速傅里叶变换时只需计算相关函数关于 x_j 在点 $y^{\frac{t_d}{t_j}}$ 取值, 使之变成 K 中的元素, 乘积

$$h(x_1, \cdots, x_{d-1}) = f(x_1, \cdots, x_{d-1}) \cdot g(x_1, \cdots, x_{d-1})$$
$$\in K[x_1, \cdots, x_{d-1}]/(x_1^{t_1} - 1, \cdots, x_{d-1}^{t_{d-1}} - 1)$$

可以通过傅里叶变换在 $K^{d_1 \cdots d_{d-1}}$ 中施行, 所需的逐点相乘在 K 中完成. 这些运算中只涉及复数的加减法, 而乘以 t_j 次单位根的幂是作为符号计算的, 进而消去了复数乘法, 致使时间大幅降低. 最后施行傅里叶逆变换还原乘积结果. 整个过程仅对 x_d 进行了复数域上的快速傅里叶变换. 假定 t_j 的大小相近, 所用快速傅里叶变换复杂度可由 $O(t_1 \cdots t_d \log(t_1 \cdots t_d))$ 降到 $O\left(\dfrac{t_1 \cdots t_d \log(t_1 \cdots t_d)}{d}\right)$.

现在考虑两个 n 比特整数 a, b 的乘积, 如同 Schönhage-Strassen 第一个乘法算法一样, 将 a, b 的每 $t = \lceil \log_2 n \rceil$ 比特分一块, 得到表示 (4.2).

选取素数 $s_1, s_2, \cdots, s_d$ 使得 $s_1 s_2 \cdots s_d > 2tm$, 形成环

$$R = \mathbb{C}[x]/(x^{s_1 s_2 \cdots s_d} - 1).$$

我们将通过傅里叶变换在 R 上计算 $h(x) = \tilde{a}(x)\tilde{b}(x)$.

我们从整系数多项式出发, 首先观察中国剩余定理的一种自然的用法: 存在易计算的同构

$$\Phi : \mathbb{Z}[x]/(x^{s_1 s_2 \cdots s_d} - 1) \to \mathbb{Z}[x_1, \cdots, x_d]/(x_1^{s_1} - 1, \cdots, x_d^{s_d} - 1),$$

这个同构可以通过前述的函数空间表示并利用中国剩余定理得到. 这里我们直接进行验证.

设 $f(x) = a_0 + a_1 x + \cdots + a_k x^k \in R$, $k < s_1 s_2 \cdots s_d$. 对于每个 $j < k$, 令

$$\begin{cases} j^{(1)} \equiv j \pmod{s_1}, \\ \cdots\cdots \\ j^{(d)} \equiv j \pmod{s_d} \end{cases} \tag{4.3}$$

为其中国剩余表示. 定义

$$\Psi(f(x)) = a_0 + a_1 x_1^{1^{(1)}} x_2^{1^{(2)}} \cdots x_d^{1^{(d)}} + \cdots + a_k x_1^{k^{(1)}} x_2^{k^{(2)}} \cdots x_d^{k^{(d)}}.$$

因为 a_j 是常数, 此式可改写为

$$\Psi(f(x)) = a_0 + a_{1^{(1)}, \cdots, 1^{(d)}} x_1^{1^{(1)}} x_2^{1^{(2)}} \cdots x_d^{1^{(d)}} + \cdots + a_{k^{(1)}, \cdots, k^{(d)}} x_1^{k^{(1)}} x_2^{k^{(2)}} \cdots x_d^{k^{(d)}}.$$

由中国剩余定理确定的同构可以保证 Ψ 是满射且保持运算. 我们这里再用通常的方法核验之. Ψ 的满射性质可以立即看出: 对于

$$g(x_1, x_2, \cdots, x_d) = \sum_{j^{(1)} < s_1, \cdots, j^{(d)} < s_d} b_{j_1, \cdots, j_d} x_1^{j^{(1)}} \cdots x_d^{j^{(d)}},$$

令

$$f(x) = \sum_{j^{(1)} < s_1, \cdots, j^{(d)} < s_d} b_{j_1, \cdots, j_d} x^j,$$

其中 j 满足 (4.3), 便有 $\Psi(f) = g$.

再验证 Ψ 保持乘法运算. 设 $f_1(x) = \sum_i a_i x^i$, $f_2(x) = \sum_j b_j x^j$, 则

$$\Psi(f_1(x)) = \sum_{i^{(1)} < s_1, \cdots, i^{(d)} < s_d} a_{i^{(1)}, \cdots, i^{(d)}} x_1^{i^{(1)}} \cdots x_d^{i^{(d)}},$$

$$\Psi(f_2(x)) = \sum_{i^{(1)} < s_1, \cdots, i^{(d)} < s_d} b_{i^{(1)}, \cdots, i^{(d)}} x_1^{i^{(1)}} \cdots x_d^{i^{(d)}}.$$

所以

$$f_1(x) f_2(x) = \sum_k \left(\sum_{i+j=k} a_i b_j \right) x^k \pmod{x^{s_1 \cdots s_d} - 1},$$

而

$$\Psi(f_1(x)) \Psi(f_2(x))$$

$$= \sum_{\cdots i^{(\ell)}, j^{(\ell)} \cdots} a_{i^{(1)}, \cdots, i^{(d)}} b_{j^{(1)}, \cdots, j^{(d)}} x_1^{i^{(1)} + j^{(1)}} \cdots x_d^{i^{(d)} + j^{(d)}} \pmod{(x_1^{s_1} - 1, \cdots, x_d^{s_d} - 1)}$$

$$= \sum_{k^{(1)} < s_1, \cdots, k^{(d)} < s_d} h_{k^{(1)}, \cdots, k^{(d)}} x_1^{k^{(1)}} \cdots x_d^{k^{(d)}},$$

其中 $h_{k^{(1)}, \cdots, k^{(d)}} = \sum_{i^{(\ell)} + j^{(\ell)} \equiv k^{(\ell)} \pmod{s_\ell}} a_{i^{(1)}, \cdots, i^{(d)}} b_{j^{(1)}, \cdots, j^{(d)}}$. 多项式系数的下标与变量的指数所遵循的加法性质保证了多项式乘法的同态性.

为了能够利用快速傅里叶变换, 我们选取 $t_1, t_2, \cdots, t_d$ 皆为 2 的幂的情况, 并要求 $s_i < t_i$, 同时不失一般性假设 t_d 最大.

我们原本需要在 $\mathbb{Z}[x_1, \cdots, x_d]/(x_1^{s_1} - 1, \cdots, x_d^{s_d} - 1)$ 中做乘积, 现在转而考虑在 $\mathbb{Z}[x_1, \cdots, x_d]/(x_1^{t_1} - 1, \cdots, x_d^{t_d} - 1)$ 中做乘积. 对于这种情形, 根据上面的讨论, 乘积运算需要 $O(T \log T)$ 加法与减法, 其中 $T = t_1 \cdots t_d$. 乘法只需要施行 $O\left(\dfrac{T \log T}{d}\right)$ 次 (假定所有的 t_j 差别不大).

4.3.3 高斯重采样技术

假定 $s_1, \cdots, s_d$ 为素数, $t_1, t_2, \cdots, t_d$ 为 2 的幂并满足 $s_i < t_i$. 为利用快速傅里叶变换, $\mathbb{C}^{s_1} \otimes \cdots \otimes \mathbb{C}^{s_d}$ 上的运算被转化成了 $\mathbb{C}^{t_1} \otimes \cdots \otimes \mathbb{C}^{t_d}$ 上的运算. 如何把后者的傅里叶变换转化成前者的傅里叶变换? Harvey 和 van der Hoeven 为此创造了高斯重采样技术. 这里只用考虑单个张量因子的情况, 一般情形可以逐个运用下面方法的构造.

设 $\mathcal{F}_s$, $\mathcal{F}_t$ 分别为 $\mathbb{C}^s$, $\mathbb{C}^t$ 上的傅里叶变换. 则可以证明下面的结论: 存在常数 D 以及线性映射 $\mathcal{A} : \mathbb{C}^s \to \mathbb{C}^t$ 和 $\mathcal{B} : \mathbb{C}^t \to \mathbb{C}^s$, 它们的特征值的绝对值均不超过 1, 使

$$\mathcal{F}_s = D\mathcal{B}\mathcal{F}_t\mathcal{A}.$$

我们这里做一个简化的描述. 构造线性映射

$$\mathcal{G} : \mathbb{C}^s \to \mathbb{C}^t,$$

其对应的矩阵为 $G_{t \times s} = (g_{kj})$, 其中

$$g_{kj} = \sum_{\ell=-\infty}^{\infty} e^{-\pi s^2 (\ell + \frac{j}{s} - \frac{k}{t})^2}.$$

设 $v = \mathcal{G}(u)$, 即 $v = G_{t \times s} u$. 对 v 做傅里叶变换, 得 $\widehat{v}$. u 的傅里叶变换 $\widehat{u}$ 与 $\widehat{v}$ 有如下关系:

$$\widehat{v}_{-sk \mod t} = \sum_{j=-\infty}^{\infty} e^{-\pi t^2 (\frac{j}{s} - \frac{k}{t})^2} \widehat{u}_{tj \mod s}.$$

$\widehat{v}$ 可被解释为是 $\widehat{u}$ 的重采样版本. 由此再得到 $\mathbb{C}^s$ 上的傅里叶变换结果 $\widehat{u}$.

4.3.4　复杂度

我们知道, 在 Nussbaumer 方法中大量的复数乘法被消除, 所用时间是 $O(n \log n)$, 高斯重采样时间也以此为上界.

在空间分解成 d 个张量积后, 每个因子所处理的数的长度为 $n^{\frac{1}{d}}$. Harvey 和 van der Hoeven 给出的递推公式为

$$M(n) < 1728 \frac{n}{n'} M(n') + Cn \log n, \quad n' = n^{\frac{1}{d} + o(1)}.$$

令 $\alpha = \frac{1}{d} + o(1)$, 则 $M(n) < 1728 n^{1-\alpha} M(n^\alpha) + Cn \log n$. 取 $d > 1728$, 可得

$$
\begin{aligned}
M(n) &< 1728 n^{1-\alpha} M(n^\alpha) + Cn \log n \\
&< 1728 n^{1-\alpha} (1728 n^{\alpha(1-\alpha)} M(n^{\alpha^2}) + Cn^\alpha \log n^\alpha) + Cn \log n \\
&= 1728^2 n^{1-\alpha^2} M(n^{\alpha^2}) + Cn \log n (1 + 1728\alpha) \\
&< 1728^3 n^{1-\alpha^3} M(n^{\alpha^3}) + Cn \log n (1 + 1728\alpha + (1728\alpha)^2) < \cdots,
\end{aligned}
$$

当 n^{α^k} 到达程序终止的设定常数, 我们可验证 $1728^k = O(\log n)$, 所以

$$1728^k n^{1-\alpha^k} M(n^{\alpha^k}) = O(n \log n).$$

故 $M(n) = O(n \log n)$.

4.4　练习题

练习 4.1 Karatsuba 算法的思想的一个推广是 Toom-Cook 方法, 其中的 Toom-3 是将 n 比特的数 x, y 表成

$$x = x_2 2^{\frac{2n}{3}} + x_1 2^{\frac{n}{3}} + x_0, \quad y = y_2 2^{\frac{2n}{3}} + y_1 2^{\frac{n}{3}} + y_0, \quad 0 \leqslant x_i, y_i < 2^{\frac{n}{3}}.$$

考虑关于 t 的多项式

$$x(t) = x_2t^2 + x_1t + x_0, \quad y(t) = y_2t^2 + y_1t + y_0.$$

将 $w(t) = x(t)y(t)$ 写成

$$w(t) = w_4t^4 + w_3t^3 + w_2t^2 + w_1t + w_0.$$

计算 xy 的任务变成了求解出 5 个系数 $w_4, w_3, \cdots, w_0$ 的任务. 它们可以通过计算 5 个乘积 $x(0)y(0), x(1)y(1), x(-1)y(-1), x(2)y(2), x(\infty)y(\infty)$[①]得到. 例如考虑在 $t = -1$ 取值, 便得到其中一个方程:

$$w_4 - w_3 + w_2 - w_1 + w_0 = (x_2 - x_1 + x_0)(y_2 - y_1 + y_0).$$

(1) 写出 Toom-3 的伪代码.

(2) 仿照关于 Karatsuba 算法的分析, 估计 Toom-3 的复杂性.

练习 4.2 计算 $(101011100111100)_2 \pmod{2^5 + 1}$.

练习 4.3 设 $f, g \in \mathbb{Z}[x]$ 为两个 s 次多项式, 它们的每个系数都在 k 比特之内. 记

$$p(x) = f(x)g(x).$$

求一个与 s 和 k 有关的最小正整数 t, 使得 $p(x)$ 的诸系数可从

$$p(2^t)$$

之值中得到.

---

① 对于多项式 $p(t)$, 其值 $p(\infty)$ 是指它的首项系数, 因为当 t 充分大时, 首项系数有不可忽略的作用.

第 5 讲

模乘算法

模算术数是数论中最基本的运算之一, 有毋庸置疑的理论重要性. 在计算技术和通信技术飞速发展的今天, 模算术的快速方法也成为备受关注的一个基本问题. 例如, 在密码学中, 有限域、RSA、椭圆密码学 (ECC) 的基本运算都涉及取模, 其效率的提高吸引了大量的研究. 对固定的模数 $n > 0$, 最基本的取模运算是对两个小于 n 的正整数 a, b 求模乘积 $ab \pmod{n}$. 朴素的方法涉及除法, 比较耗时. 我们在这里介绍几个模乘的快速算法.

5.1 Montgomery 算法

迄今为止, 最成功的计算模乘方法大概是 Montgomery 算法, 它是建立在 Montgomery 表示基础上的. 给定一个奇数 n, 我们选取 $R = 2^t > n$. 我们知道, 模 R 运算变得极其容易, 用时可以忽略不计. 例如, 我们考虑十进制的类似情形:

$$k = 129842960497374603756348765 3, \quad R = 10^{11},$$

从 k 的低位开始数, 经过 11 位时为止, 我们立即得到余数:

$$k \pmod{R} = 37563487653.$$

利用这样便利的 R 来帮助进行模 n 运算的想法产生于 1985 年 Montgomery 的一篇文章[19]. Montgomery 引进了一个巧妙的方法来表示 $\mathbb{Z}_n = \mathbb{Z}/n\mathbb{Z}$ 中的元素. 在这种表示下, 算术运算, 特别是乘法运算变得非常高效. 设 $a \in [0, n-1]$ 为一整数, 我们称

$$\check{a} = aR \pmod{n}$$

为 a 的 Montgomery 表示. 对于整数 $T \in [0, Rn - 1]$, 我们称

$$\mathrm{REDC}(T) = TR^{-1} \pmod{n}$$

为 T 的 Montgomery 归约.

我们可以看出这种表示建立了一个一一对应关系, 并且容易核验加法运算在这个对应下得到了保持:

$$\check{a} + \check{b} \equiv \check{c} \pmod{n} \iff a + b \equiv c \pmod{n}.$$

现设 $c = ab \pmod{n}$. 我们看到 $\check{a}\check{b} \equiv abR^2 \equiv \check{c}R \pmod{n}$, 乘法的对应不再保持. 所以欲求 $\check{c}$, 我们需要计算 $\check{a}\check{b}R^{-1} \pmod{n}$. 这正是 $\check{a}\check{b}$ 的 Montgomery 归约.

Montgomery 归约方法是建立在下面的结果上的.

引理 5.1 设 $0 \leqslant T < nR$. 记 $k = R - (n^{-1} \pmod{R})$. 令 $m = Tk$ $\pmod{R}$, $t = \dfrac{T + mn}{R}$, 则 t 是一个小于 $2n$ 的整数且

$$t \equiv TR^{-1} \pmod{n}.$$

证明 我们注意到存在正整数 $\ell < n$ 使 $n^{-1}k = -1 + \ell R$, 所以 $T + mn \equiv T(1 + kn) \equiv 0 \pmod{R}$. 故 $T + nm$ 必被 R 整除, 即 t 是整数. 同时由 $m < R$ 推得

$$t = \frac{T + mn}{R} < \frac{nR + nR}{R} = 2n.$$

显然 $t = (T + mn)R^{-1} \equiv TR^{-1} \pmod{n}$. $\square$

于是上述讨论可以总结为如下的简单算法形式.

算法 11 Montgomery 归约

输入: 正整数 $T < n^2$
输出: $TR^{-1} \pmod{n}$

1: **function** REDC(T)
2: $\quad m \leftarrow (T \pmod{R})k \pmod{R}$
3: $\quad t \leftarrow \dfrac{T + mn}{R}$
4: $\quad$ **if** $(t > n)$ **then**
5: $\quad\quad t \leftarrow t - n$
6: $\quad$ **end if**
7: $\quad$ **return** t
8: **end function**

我们现在从 $c = ab \pmod{n}$ 出发, 考察 Montgomery 表示. 假设已知 $\check{a} = aR$ $\pmod{n}$ 和 $\check{b} = bR \pmod{n}$. 我们需要的是 c 的 Montgomery 表示 $\check{c}$. 我们看到 $\check{a}\check{b} \equiv abR^2 \equiv \check{c}R \pmod{n}$. 所以我们先计算两个小于 n 的数 $\check{a}$ 和 $\check{b}$, 相乘得到一个小于 $n^2 < nR$ 的数, 通过 REDC($\check{a}\check{b}$), 方可得到 $\check{a}\check{b}R^{-1} \equiv \check{c} \pmod{n}$. 这个过程仅仅需要一个乘法和 Montgomery 归约, 不需要进行除法运算.

Montgomery 算法中需要预先计算 n^{-1} (mod R). 我们可以用秦九韶算法完成. 但由于 $R = 2^t$ 这种特殊形式, 存在更快的求模逆方法. 其中一个典型的方法属于 Dussé 和 Kaliski[20]. 我们引述如下.

算法 12 模 2 的幂之逆

输入: 奇数 $x < 2^m$

输出: $y = x^{-1}$ (mod 2^m)

1: **function** MODINV2POW(x, m)
2: 　　$y \leftarrow 1$
3: 　　**for** $j = 2$ **to** m **do**
4: 　　　　**if** $(2^{j-1} < xy \pmod{2^j})$ **then**
5: 　　　　　　$y \leftarrow y + 2^{j-1}$
6: 　　　　**end if**
7: 　　**end for**
8: 　　**return** y
9: **end function**

最近, 文献 [21] 中提出了 Montgomery 归约的一个改进. 新算法中允许负剩余并要求 $R > 2n$.

算法 13 带符号的 Montgomery 归约

输入: 整数 $-\dfrac{Rn}{2} < T < \dfrac{nR}{2}$

输出: $r_1 = TR^{-1}$ (mod n), $-n < r_1 < n$

1: **function** S-REDC(T)
2: 　　$T = a_1 R + a_0$　(*$0 \leqslant a_0 < R$*)
3: 　　$m \leftarrow a_0 k$ (mod $^{\pm}R$)
4: 　　$t \leftarrow \left\lfloor \dfrac{mn}{R} \right\rfloor$
5: 　　$t \leftarrow a_1 - t$
6: 　　**return** t
7: **end function**

Montgomery 约化需要预计算和一个还原变换, 在计算模指数运算 (如 a^e (mod m)) 时, 效果最佳.

前面提到 Montgomery 算法的可能来源是 Hensel 计算 2-adic 数的逆的方法的一个推广. 我们这里解释另外一种思想来源. 下面的讨论表明 Montgomery 约化的一个自然的动机是中国剩余定理. 记 $T_R = T$ (mod R), $T_n = T$ (mod n), 则

$$\begin{cases} X \equiv T_R \pmod{R}, \\ X \equiv T_n \pmod{n}, \end{cases}$$

其解为 $X = T$.

现在 T 已给定, $T \pmod{R}$ 值易知. 我们希望通过在秦九韶公式中考察 $T \pmod{n}$ 来得到 $TR^{-1} \pmod{n}$. 一个要紧的事实是 $TR^{-1}R$ 正是秦九韶公式里的一项. 秦九韶公式可源于 $T = TR^{-1}R - Tkn$, 于是

$$TR^{-1}R = T + Tkn = T + T_R kn + (T - T_R)kn$$

$$= T + (T_R k \pmod{R})\, n + aRn,$$

此式说明 $(T + (T_R k \pmod{R})n)$ 可以被 R 整除, 于是得到 Montgomery 算法中的结果

$$TR^{-1} \equiv \frac{T + (T_R k \pmod{R})\, n}{R} \pmod{n}.$$

5.2 Barrett 归约算法

1986 年, Barrett [22] 提出另一种约化算法. 运算 $x \pmod{n}$ 的最基本应用场景是当 x 为两个小于 n 的数之积的情况, 即 $x < n^2$. 注意到

$$x \pmod{n} = x - \left\lfloor \frac{x}{n} \right\rfloor n.$$

这里耗时的运算是 $\left\lfloor \frac{x}{n} \right\rfloor$. 用步骤相对少的运算来代替 $\left\lfloor \frac{x}{n} \right\rfloor$ 是 Barrett 约化的主要动机.

我们现在介绍 Barrett 约化. 同 Montgomery 约化一样的是, 这里我们也需要一个预计算 (但无需还原过程).

预计算 令 b 为一个进制的基 (例如 $b = 2^v, v = 32$ 或 64), 特别地, 我们要求 $b \geqslant 3$.

计算正整数

$$k = \lfloor \log_b n \rfloor + 1$$

和

$$\mu = \left\lfloor \frac{b^{2k}}{n} \right\rfloor.$$

假定 n 不是 b 的幂, 否则是平凡情形. 我们看到 $b^{k-1} < n < b^k$, 所以 $x < b^{2k}$.

算法 14 Barrett 归约算法
输入: 非负整数 $x < b^{2k}$
输出: $x \pmod n$.
 1: **function** B-REDC(x, n)
 2: 　　$q' \leftarrow \left\lfloor \left\lfloor \dfrac{x}{b^{k-1}} \right\rfloor \dfrac{\mu}{b^{k+1}} \right\rfloor$
 3: 　　$t \leftarrow \left(x \pmod{b^{k+1}} \right) - \left(q'n \pmod{b^{k+1}} \right)$
 4: 　　**if** $(t < 0)$ **then**
 5: 　　　　$t \leftarrow t + b^{k+1}$
 6: 　　**end if**
 7: 　　**while** $t \geqslant n$ **do**
 8: 　　　　$t \leftarrow t - n$
 9: 　　**end while**
10: 　　**return** t
11: **end function**

下面是关于 Barrett 归约算法的几个讨论. 令 $q_0 = \dfrac{x}{n}$, $q = \lfloor q_0 \rfloor$.

我们首先证明 q' 是 q 的一个很好的逼近, 确切地说 $q - 2 \leqslant q' \leqslant q$. 注意到

$$q_0 = \frac{x}{b^{k-1}} \frac{b^{2k}}{n} \frac{1}{b^{k+1}},$$

这表明

$$q' = \left\lfloor \left\lfloor \frac{x}{b^{k-1}} \right\rfloor \frac{\mu}{b^{k+1}} \right\rfloor \leqslant \left\lfloor \frac{x}{b^{k-1}} \right\rfloor \frac{\mu}{b^{k+1}}$$

$$\leqslant \frac{x}{b^{k-1}} \frac{b^{2k}}{n} \frac{1}{b^{k+1}} = q_0,$$

故

$$q' \leqslant q.$$

另一方面, 设 $x = \alpha b^{k-1} + r_1$ 满足 $0 \leqslant r_1 < b^{k-1}$, 又由 μ 的定义知 $b^{2k} = \mu n + r_2$ 满足 $0 \leqslant r_2 < n$. 现在有

$$q' + 2 = \left\lfloor \left\lfloor \frac{x}{b^{k-1}} \right\rfloor \frac{\mu}{b^{k+1}} + 2 \right\rfloor = \left\lfloor \alpha \frac{\mu}{b^{k+1}} + 2 \right\rfloor$$

$$= \left\lfloor \frac{x - r_1}{b^{k-1}} \frac{\dfrac{b^{2k} - r_2}{n}}{b^{k+1}} + 2 \right\rfloor = \left\lfloor \frac{(x - r_1)(b^{2k} - r_2) + 2b^{2k}n}{b^{2k}n} \right\rfloor$$

$$= \left\lfloor \frac{xb^{2k} + r_1 r_2 + 2b^{2k}n - r_1 b^{2k} - r_2 x}{b^{2k}n} \right\rfloor$$

$$\geqslant \left\lfloor \frac{x}{n} \right\rfloor = q.$$

我们现在来核验算法的正确性.

算法第 3 行所得到的 t 满足

$$t \equiv x - q'n \pmod{b^{k+1}},$$

并且 $|t| < b^{k+1}$. 故在第 5 行后我们有

$$0 \leqslant t < b^{k+1} \quad 且 \quad t \equiv x - q'n \pmod{b^{k+1}}.$$

由于 $0 \leqslant x - qn < n$, $b \geqslant 3$, 我们又有

$$0 \leqslant x - q'n \leqslant x - (q-2)n < 3n < b^{k+1}.$$

所以此时

$$t = x - q'n.$$

因为 $0 \leqslant t < 3n$, 在 while 循环里至多用两次减法, 我们便可得到

$$t = x \pmod{n}.$$

Barrett 约化需要事先计算出 k 和 μ. 这两个数仅仅依赖于模数 n. 所以 Barrett 约化特别适用许多模归约所涉及的模数都是一样的情形.

5.3 特殊形式素模数的计算

在很多涉及素域的应用中, 为了模乘计算的方便, 常常选用特殊形式素数. 例如 Mersenne 素数 (形如 $p = 2^x - 1$)、Crandall 素数 (形如 $2^x - c$, 其中 c 是一个小整数) 和广义 Mersenne 素数 (形如 $p = f(2^w)$ 的素数, 其中 $f(t)$ 是具有小整数系数的低次多项式).

关于 Mersenne 素数的模约减是平凡的, 甚至无需卷入乘法. 实际上, 对于 $0 \leqslant a, b < p = 2^e - 1$, 其乘积 $c = a \cdot b$ 可被表成 $c_1 \cdot 2^e + c_0$, 其中 $0 \leqslant c_0, c_1 < 2^e$, 于是

$$c = c_1 \cdot 2^e + c_0 \equiv c_1 + c_0 \pmod{p}.$$

然而, 在实际应用中并没有太多满足条件的 Mersenne 素数. 譬如, 在 $100 < e < 1000$ 范围内, 只有 4 个这样的值可用: $e \in \{107, 127, 521, 607\}$.

在椭圆曲线密码学适用范围内, 有一些 Crandall 素数和广义 Mersenne 素数可供选择. 我们在这里讨论相关的例子.

5.3.1 模 $p = b^t - a$ 归约方法

我们考虑 Crandall 素数的模归约. 这类素数在密码学应用中的例子是 $p = 2^{255} - 19$.

假定 b 是 2 的一个幂. 对于一般形式的 Crandall 素数, 其模归约算法如下. 注意这里的输入没有 $x < p^2$ 的限制. 如果我们要求 $x < p^2$, 那么中间的 while 循环就可以去掉了.

算法 15 $p = b^t - a$ 归约算法

输入: 非负整数 x

输出: $x \pmod p$

1: **function** SPEC-REDC(x, t, a)
2:      $q_0 \leftarrow \left\lfloor \dfrac{x}{b^t} \right\rfloor$
3:      $r_0 \leftarrow x - q_0 b^t$
4:      $r \leftarrow r_0$
5:      $i \leftarrow 0$
6:      **while** $q_i > 0$ **do**
7:          $q_{i+1} \leftarrow \left\lfloor \dfrac{q_i a}{b^t} \right\rfloor$
8:          $r_{i+1} \leftarrow q_i a - q_{i+1} b^t$
9:          $i \leftarrow i + 1$
10:         $r \leftarrow r_i$
11:      **end while**
12:      **while** $r \geqslant p$ **do**
13:         $r \leftarrow r - p$
14:      **end while**
15:      **return** r
16: **end function**

5.3.2 SM2 的模乘优化方法

国家密码管理局在 2012 年发布了一种基于椭圆曲线密码体制的公钥密码算法——SM2 椭圆曲线公钥密码算法. SM2 椭圆曲线的基域是素域 $\mathbb{F}_p$, 其中 $p = p_{\mathrm{SM2}}$ 是定义如下的广义 Mersenne 素数:

$$p_{\mathrm{SM2}} = 2^{256} - 2^{224} - 2^{96} + 2^{64} - 1.$$

处理这样模乘运算的策略是将模数写成 32 比特的字的表达式. 令 $\mathcal{W} = 2^{32}$, 则

$$p_{\mathrm{SM2}} = \mathcal{W}^8 - \mathcal{W}^7 - \mathcal{W}^3 + \mathcal{W}^2 - 1.$$

于是, 我们有

$$W^8 \equiv W^7 + W^3 - W^2 + 1 \pmod{p_{\text{SM2}}}. \tag{5.1}$$

设 $a, b \in \mathbb{F}_{p_{\text{SM2}}}$, 它们在 $\mathbb{F}_{p_{\text{SM2}}}$ 中的积是作为通常整数乘积 ab 模 p_{SM2} 的结果. 这正是一般情况下模运算中计算量最大的部分.

我们可表 ab 为

$$ab = \sum_{j=0}^{15} c_j W^j,$$

其中每个 c_j 都满足 $0 \leqslant c_j \leqslant W - 1$, 可以视为系统中的一个字. 为计算 ab (mod p_{SM2}), 我们先视 W 为未定变元, 然后利用关系式 (5.1) 来不断约减 ab 中次数大于等于 8 的项 W^j, 再合并同类项可得

$$ab \equiv C_7 W^7 + C_6 W^6 + C_5 W^5 + C_4 W^4$$
$$+ C_3 W^3 + C_2 W^2 + C_1 W + C_0 \pmod{p_{\text{SM2}}},$$

其中每个 C_k 都是某些 c_j 的代数和, 我们需要构造若干个 256 比特的数 $A_1, \cdots, A_t$, 每个 A_k 的 W^j 的系数是来自 C_j 中的某一项 c_{j_i} 或者是 $W - c_{j_i}$, 或者是 0, 它们的某个代数和恰是

$$C_7 W^7 + C_6 W^6 + C_5 W^5 + C_4 W^4 + C_3 W^3 + C_2 W^2 + C_1 W + C_0,$$

并要求 t 尽可能小. 具体整理 ab, 我们推得

$$ab \equiv (c_7 + c_8 + c_9 + c_{10} + c_{11} + 2c_{12} + 2c_{13} + 2c_{14} + 3c_{15})W^7$$
$$+ (c_6 + c_{11} + c_{14} + c_{15})W^6$$
$$+ (c_5 + c_{10} + c_{13} + c_{14} + 2c_{15})W^5$$
$$+ (c_4 + c_9 + c_{12} + c_{13} + 2c_{14} + c_{15})W^4$$
$$+ (c_3 + c_8 + c_{11} + c_{12} + 2c_{13} + c_{14} + c_{15} - 2)W^3$$
$$+ (c_2 - c_8 - c_9 + (W - c_{13}) + (W - c_{14}))W^2$$
$$+ (c_1 + c_9 + c_{10} + c_{11} + c_{12} + c_{13} + 2c_{14} + 2c_{15})W$$
$$+ (c_0 + c_8 + c_9 + c_{10} + c_{11} + c_{12} + 2c_{13} + 2c_{14} + 2c_{15}) \pmod{p_{\text{SM2}}}.$$

记 $\tilde{c}_{13} = W - c_{13}$, $\tilde{c}_{14} = W - c_{14}$, 我们依下面的方案表示出 A_j.

$A_1 =$	$(c_7,$	$c_6,$	$c_5,$	$c_4,$	$c_3,$	$c_2,$	$c_1,$	$c_0)$
$A_2 =$	$(c_8,$	$c_{11},$	$c_{10},$	$c_9,$	$c_8,$	$\tilde{c}_{13},$	$c_9,$	$c_8)$
$A_3 =$	$(c_9,$	$c_{14},$	$c_{13},$	$c_{12},$	$c_{11},$	$\tilde{c}_{14},$	$c_{10},$	$c_9)$
$A_4 =$	$(c_{10},$	$c_{15},$	$c_{14},$	$c_{13},$	$c_{12},$	$0,$	$c_{11},$	$c_{10})$
$A_5 =$	$(c_{11},$	$0,$	$0,$	$c_{15},$	$c_{14},$	$0,$	$c_{12},$	$c_{11})$
$A_6 =$	$(c_{12},$	$0,$	$c_{15},$	$c_{14},$	$c_{13},$	$0,$	$c_{13},$	$c_{12})$
$A_7 =$	$(c_{13},$	$0,$	$0,$	$0,$	$c_{15},$	$0,$	$c_{14},$	$c_{13})$
$A_8 =$	$(c_{14},$	$0,$	$0,$	$0,$	$0,$	$0,$	$c_{15},$	$c_{14})$
$A_9 =$	$(c_{15},$	$0,$	$0,$	$0,$	$0,$	$0,$	$0,$	$c_{15})$
$A_{10} =$	$(0,$	$0,$	$0,$	$0,$	$c_{15},$	$c_8,$	$c_{13},$	$c_{12})$
$A_{11} =$	$(0,$	$0,$	$0,$	$0,$	$2,$	$c_9,$	$0,$	$c_{15})$

在这样的布局下, 我们得到 $ab \pmod{p_{\mathrm{SM2}}}$ 如下:

$$A_1 + A_2 + A_3 + A_4 + A_5 + 2A_6 + 2A_7 + 2A_8 + 3A_9 - A_{10} - A_{11} \pmod{p_{\mathrm{SM2}}}.$$

我们看到, 这种形式只需要 11 个中间变量 A_j, 模加/减法的个数为 15, 提升了模归约的效率.

5.4　练习题

练习 5.1　设 $R = 1024, n = 899$. 描述用 Montgomery 算法计算

$$127^3 \pmod n$$

的详细过程.

练习 5.2　用中国剩余定理证明算法 13 的正确性.

练习 5.3　假如计算设备支持 64 位 (比特) 的一次处理数据能力. 对素数 $p = 2^{192} - 2^{64} - 1$, 设计一个计算

$$c \pmod p$$

的高效方法, 其中 $0 \leqslant c < p^2$.

第 6 讲

素数与相关算法

素数是自然数的基本要素, 因为算术基本定理指出每个大于 1 的整数都可以唯一地表示成素数之积. 千百年来的数论研究为我们提供了关于素数的众多优美结论, 但今天仍然有相当数量的与素数相关的猜想, 吸引一批又一批优秀数学家为它们的证明或反例而不断地努力着. 另一方面, 素数在当代实用的科技领域也开始表现出实践上的重要性, 在数字通信, 数据加密和签名、伪随机数构造等方面都有激动人心的应用实例.

我们在这一讲里将介绍素数应用中的算法和为这些计算提供理论保障的经典数论结果. 所讨论的课题包括素数的分布、素数判定的若干算法和 (广义) 黎曼假设下的几个数论算法.

6.1　关于素数分布的一些结论

6.1.1　素数定理

给定实数 $x > 0$, 用 $\pi(x)$ 表示不大于 x 的素数的个数, 我们称 $\pi(x)$ 为素数计数函数. 关于素数的分布情况, 下面的被称为素数定理的结论蕴含着大量的有用信息.

定理 6.1 (素数定理)

$$\lim_{x\to\infty} \frac{\pi(x)}{x/\ln x} = 1.$$

我们不在这里讲解素数定理的证明, 有兴趣的读者可参看文献 [1]. 从实用的角度看, 为了保证在特定范围找到合意的素数, 6.1.2 节的切比雪夫定理完全满足实用需求.

素数定理有若干等价的结论. 其中一些结果能够为我们理解素数分布提供有用的直观上的帮助. 例如

(1) 用 p_n 表第 n 个素数, 那么

$$\lim_{n\to\infty} \frac{p_n}{n\ln n} = 1.$$

(2) 当 n 充分大时, 在集合 $\{1, 2, \cdots, n\}$ 中随机取一数为素数的概率趋近于 $\dfrac{1}{\ln n}$.

我们再介绍素数计数函数的另一个逼近. 为此我们也顺便引出黎曼 zeta 函数. 当 $\sigma = \operatorname{Re}(s) > 1$ 时, 黎曼 zeta 函数定义如下:

$$\zeta(s) = \sum_{n=1}^{\infty} \frac{1}{n^s}.$$

如果 $\sigma \leqslant 1$ 但 $s \neq 1$, $\zeta(s)$ 定义为上面级数的解析延拓. 著名的黎曼假设陈述如下:

黎曼假设　函数 ζ 的零点, 除了所谓的平凡零点 $s = -2, -4, \cdots$ 外, 都在直线 $\sigma = \dfrac{1}{2}$ 上, 即每个非平凡零点 ρ 都形如

$$\rho = \frac{1}{2} + \mathrm{i}\gamma.$$

证明或否定这个假设是当今数学中最大的挑战之一.

高斯猜测素数计数函数可以用对数积分 $\operatorname{Li}(x) = \displaystyle\int_2^x \frac{1}{\ln t}\mathrm{d}t$ 逼近, 即

$$\pi(x) \sim \operatorname{Li}(x).$$

素数定理的第一个证明实际上是按照黎曼的划时代文章所指出的道路, 核实了对任意的实数 t,

$$\zeta(1 + \mathrm{i}t) \neq 0.$$

用对数积分, 素数计数函数的逼近可以写成: 对某个常数 $a > 0$,

$$\pi(x) = \operatorname{Li}(x) + O(x\mathrm{e}^{-a\sqrt{\ln x}}).$$

这是一个较强的带余数的素数定理.

在黎曼假设下, $\pi(x)$ 与 $\operatorname{Li}(x)$ 之间的误差可以被改写为

$$\pi(x) = \operatorname{Li}(x) + O(\sqrt{x}\ln x).$$

6.1.2　切比雪夫定理与素数密度

切比雪夫为素数定理的建立作出了极为重要的贡献. 他所证明的切比雪夫不等式对素数计数函数的估计已非常接近素数定理. 值得指出的是, 切比雪夫的估计的推导远比证明素数定理来得简单, 同时对我们就素数密度的考察提供了直观上的帮助.

在这一小节中, 我们讨论切比雪夫对素数计数函数的估计, 同时描述其证明.

我们先回顾一下勒让德公式, 对于素数 p, 沿用第 1 讲的符号, 用 $\nu_p(k)$ 表示 k 中因子 p 的最高幂次. 我们注意到 $1, 2, \cdots, k$ 中一共有 $\left\lfloor \dfrac{k}{p} \right\rfloor - \left\lfloor \dfrac{k}{p^2} \right\rfloor$ 个数被 p 整除但不被 p^2 整除, 有 $\left\lfloor \dfrac{k}{p^2} \right\rfloor - \left\lfloor \dfrac{k}{p^3} \right\rfloor$ 个数被 p^2 整除但不被 p^3 整除, $\cdots$, 所以

$$
\begin{aligned}
\nu_p(k!) &= \left(\left\lfloor \frac{k}{p} \right\rfloor - \left\lfloor \frac{k}{p^2} \right\rfloor \right) + 2 \left(\left\lfloor \frac{k}{p^2} \right\rfloor - \left\lfloor \frac{k}{p^3} \right\rfloor \right) + 3 \left(\left\lfloor \frac{k}{p^3} \right\rfloor - \left\lfloor \frac{k}{p^4} \right\rfloor \right) + \cdots \\
&= \sum_{j \geqslant 1} \left\lfloor \frac{k}{p^j} \right\rfloor.
\end{aligned}
$$

定理 6.2 (切比雪夫)　对于 $x \geqslant 3$,

$$
\frac{1}{2} \frac{x}{\ln x} \leqslant \pi(x) \leqslant 6 \ln 2 \frac{x}{\ln x}.
$$

证明　对于 $3 \leqslant x \leqslant 36$, 简单的计数便可以核验切比雪夫不等式. 所以我们考虑 $x > 36$ 的情形.

考虑组合数 $N = \dbinom{2n}{n} = \dfrac{(2n)!}{(n!)^2}$ 的上下界.

从 $4^n = (1+1)^{2n} = \sum_{j=0}^{2n} \dbinom{2n}{j}$, 我们看到 $2n \dbinom{2n}{n} > 4^n$. 故

$$
\frac{4^n}{2n} < \binom{2n}{n} < 4^n. \tag{6.1}
$$

现在注意到

$$
\nu_p(N) = \sum_{j \geqslant 1} \left\lfloor \frac{2n}{p^j} \right\rfloor - 2 \sum_{j \geqslant 1} \left\lfloor \frac{n}{p^j} \right\rfloor = \sum_{j \geqslant 1} \left(\left\lfloor 2\frac{n}{p^j} \right\rfloor - 2 \left\lfloor \frac{n}{p^j} \right\rfloor \right).
$$

因为 $\left(\left\lfloor 2\dfrac{n}{p^j} \right\rfloor - 2 \left\lfloor \dfrac{n}{p^j} \right\rfloor \right) \in \{0, 1\}$, 并且当 $p^j > 2n$ 时 $\left(\left\lfloor 2\dfrac{n}{p^j} \right\rfloor - 2 \left\lfloor \dfrac{n}{p^j} \right\rfloor \right) = 0$, 所以

$$
\nu_p(N) \leqslant \log_p(2n).
$$

由此亦得

$$
p^m \big| N \Rightarrow p^m < 2n.
$$

因此在分解式 $N = \prod_p p^{\nu_p(N)}$ 中, 每个 $p^{\nu_p(N)} < 2n$, 而此分解式至多含有 $\pi(2n)$ (非平凡) 项, 于是

$$\frac{4^n}{2n} < \binom{2n}{n} = \prod_p p^{\nu_p(N)} < (2n)^{\pi(2n)}.$$

假定 $n \geqslant 19$. 对上式两端取对数, 整理化简得到

$$\pi(2n) > \frac{2n \ln 2}{\ln(2n)} - 1 > \frac{1}{2} \frac{2n}{\ln(2n)} + 1.$$

另一方面,

$$4^n > \binom{2n}{n} > \prod_{n < p \leqslant 2n} p > \prod_{n < p \leqslant 2n} n = n^{\pi(2n) - \pi(n)}.$$

由此得到

$$\pi(2n) - \pi(n) < \ln 4 \frac{n}{\ln n}.$$

对于 $n = 2^k$, 上式给出

$$\pi(2^{k+1}) - \pi(2^k) < \ln 4 \frac{2^k}{k \ln 2} = \frac{2^{k+1}}{k}.$$

我们看到

$$\pi(2^k) = (\pi(2^k) - \pi(2^{k-1})) + (\pi(2^{k-1}) - \pi(2^{k-2})) + \cdots + (\pi(2^2) - \pi(2)) + \pi(2)$$

$$< \sum_{j=2}^{k} \frac{2^j}{j-1} + 1 < 3 \frac{2^k}{k}.$$

我们现在总结前面的讨论并利用函数 $f(x) = \frac{x}{\ln x}$ $(x > 3)$ 单调递增性质证明所要的结论.

对于 $x > 36$, 取 $n \geqslant 19$ 满足 $2n - 2 < x \leqslant 2n$, 则

$$\pi(x) = \pi(2n) \quad \text{或} \quad \pi(x) = \pi(2n) - 1.$$

我们得到

$$\pi(x) \geqslant \pi(2n) - 1 \geqslant \frac{1}{2} \frac{2n}{\ln(2n)} \geqslant \frac{1}{2} \frac{x}{\ln x}.$$

取 k 使 $2^k < x \leqslant 2^{k+1}$ 可得

$$\pi(x) \leqslant \pi(2^{k+1}) \leqslant 3\frac{2^{k+1}}{k+1} = 6\frac{2^k}{k}$$
$$\leqslant 6\ln 2\frac{x}{\ln x}. \qquad \square$$

沿着切比雪夫方向上的改进已有很多工作, 我们引用其中一个:

定理 6.3 (切比雪夫不等式的改进) 对于 $x \geqslant 17$,

$$\frac{x}{\ln x} < \pi(x) < 1.25506\frac{x}{\ln x}.$$

我们由此可以知道第 n 个素数的一个较为确切的范围.

推论 6.1 用 p_n 表第 n 个素数, 则

$$\frac{n\ln n}{1.25506} < p_n < 2n\ln n.$$

证明 在定理 6.3 中, 取 $x = p_n$. 则有

$$\frac{p_n}{\ln p_n} < n < 1.25506\frac{p_n}{\ln p_n}.$$

首先我们有

$$p_n = 1.25506\frac{p_n}{\ln p_n}\frac{\ln p_n}{1.25506} > \frac{n\ln p_n}{1.25506} > \frac{n\ln n}{1.25506}.$$

另一方面, $p_n < n\ln p_n$, 所以

$$\ln p_n < \ln n + \ln\ln p_n < \ln n + \frac{1}{2}\ln p_n.$$

于是 $\ln p_n < 2\ln n$. 这样我们就得到

$$p_n < 2n\ln n. \qquad \square$$

另一个有关的结论是伯川德 (Bertrand) 假设: 对任何正整数 n, 在区间 $[n, 2n]$ 内, 必有一个素数. 下面的已知结果包含了更丰富的信息

定理 6.4 (Bertrand 假设) 对任何正整数 n,

$$\pi(2n) - \pi(n) > \frac{n}{3\ln(2n)}.$$

当 n 足够大时, 平均每隔 $O(\ln n)$ 个数, 就可以找到一个素数. 所以如何判断一个给定的数是素数便是我们要解决的一个问题.

最后, 我们证明一个在素数检测中需要的一个结论.

定理 6.5　设 $n > 1$, 则所有不超过 $2n$ 的素数之积大于 2^n:

$$\prod_{p < 2n} p > 2^n.$$

证明　对于较小的 n 我们可以直接计算验证, 所以在证明中假定 $n > 100$. 考察 $N = \dbinom{2n}{n}$ 的素因子分解:

$$N = \prod_p p^{\nu_p(N)}.$$

我们在定理 6.2 的证明里已得到

$$p^m \big| N \Rightarrow p^m < 2n.$$

于是

$$\frac{4^n}{2n} < N \leqslant \prod_{p \leqslant \sqrt{2n}} 2n \prod_{\sqrt{2n} < p \leqslant 2n} p.$$

进一步, 我们利用定理 6.4 得到

$$\frac{4^n}{2n} < (2n)^{\pi(\sqrt{2n})} \prod_{p \leqslant 2n} p < (2n)^{\frac{2\sqrt{2n}}{\ln(\sqrt{2n})}} \prod_{p \leqslant 2n} p.$$

如果我们能够证明 $\dfrac{4^n}{2n(2n)^{\frac{2\sqrt{2n}}{\ln(\sqrt{2n})}}} > 2^n$, 则定理得证. 核验这个不等式等价于证明

$$2^n > (2n)^{\frac{2\sqrt{2n}}{\ln(\sqrt{2n})}+1}.$$

实际上

$$(2n)^{\frac{2\sqrt{2n}}{\ln(\sqrt{2n})}+1} = 2n(\sqrt{2n})^{\frac{4\sqrt{2n}}{\ln(\sqrt{2n})}} = 2ne^{4\sqrt{2n}}$$

$$< 2^{\log(2n)+8\sqrt{2n}} < 2^n. \qquad \square$$

6.2 素检测算法

我们前面指出, 在给定足够大的区间内, 有足够多的素数. 在实践中, 特别是密码学应用中, 我们经常需要随机地选取充分大的素数. 这就要求能够找到判定一个数的素性的快速方法. 然而这个问题并不平凡, 目前的解决方案也非完美. 其一是现有的快速实用方法不是确定性的, 其二是虽然在二十多年前我们看到了素性检测的多项式算法的诞生, 但还未达到实用要求的效率. 我们在这一节首先介绍素性判定的两个概率算法, 即 Solovay-Strassen 素检测方法和 Miller-Rabin 素检测方法, 然后对素检测的确定性多项式算法进行描述.

6.2.1 概率算法

现在我们讨论 Solovay-Strassen 素检测方法和 Miller-Rabin 素检测方法. 这两个效率很高的方法不能保证所声称结果的绝对正确性, 但就今天的密码学应用而言还是可靠的, 出现问题的概率是可以忽略的.

Solovay-Strassen 算法

Solovay-Strassen 算法的出发点是模素数二次剩余的勒让德符号的一些重要性质. 如果 n 是一个素数, 我们在第 1 讲中提过的欧拉准则 (命题 1.1) 给出

$$a^{\frac{n-1}{2}} \equiv \left(\frac{a}{n}\right) = \begin{cases} 1, & \text{如果 } a \text{ 模 } n \text{ 的二次剩余}, \\ -1, & \text{如果 } a \text{ 模 } n \text{ 的二次非剩余}, \\ 0, & \text{如果 } n|a. \end{cases}$$

如果 $n = p_1^{\alpha_1} \cdots p_t^{\alpha_t}$ 是个合数, 我们定义 a 关于 n 的雅可比符号为

$$\left(\frac{a}{n}\right) = \left(\frac{a}{p_1}\right)^{\alpha_1} \left(\frac{a}{p_2}\right)^{\alpha_2} \cdots \left(\frac{a}{p_t}\right)^{\alpha_t}.$$

雅可比符号与勒让德符号有一些相同的性质, 例如

(1) $a \equiv b \pmod{n}$ 蕴涵 $\left(\frac{a}{n}\right) = \left(\frac{b}{n}\right)$;

(2) $\left(\frac{ab}{n}\right) = \left(\frac{a}{n}\right) \left(\frac{b}{n}\right)$;

(3) $\left(\frac{-1}{n}\right) = (-1)^{\frac{n-1}{2}}$;

(4) $\left(\frac{2}{n}\right) = (-1)^{\frac{n^2-1}{8}}$;

(5) 如果 $\gcd(m,n) = 1$, 则 $\left(\frac{m}{n}\right) = (-1)^{\frac{n-1}{2} \frac{m-1}{2}} \left(\frac{n}{m}\right)$.

我们需要指出的是, 上面最后一条叫做二次互反律. 它表明计算雅可比符号 $\left(\dfrac{a}{n}\right)$ 可以通过辗转相除得到.

然而在 n 是合数的情形, $\left(\dfrac{a}{n}\right) = 1$ 并不表示方程 $X^2 = a \pmod n$ 有解, 例如 $\left(\dfrac{2}{9}\right) = \left(\dfrac{2}{3}\right)^2 = (-1)^2 = 1$, 但 2 不是模 9 的一个平方. 特别地, 欧拉准则

$$a^{\frac{n-1}{2}} \equiv \left(\frac{a}{n}\right) \pmod n \tag{6.2}$$

不再成立. Solovay-Strassen 算法正是利用这个事实来核验一个奇数 n 的素性. 如果对于某个 $1 \leqslant a \leqslant n-1$, $\gcd(n, a) > 1$ 或者 (6.2) 式不成立, 那么 n 必定是合数. 这时, 我们称 a 为 n (作为合数) 的欧拉见证数.

现在, 我们随机地选取 k 个 a 来据此测试 n 的素性, 我们便可以引出 Solovay-Strassen 素检测算法.

算法 16 Solovay-Strassen 素检测算法

输入: 正奇数 $n > 2$
输出: n 的素性

1: **function** SOLOVAY-STRASSEN(n, k)
2:     **for** $j \leftarrow 0, 1, \cdots, k-1$ **do**
3:         随机选取整数 $1 \leqslant a \leqslant n-1$
4:         $b \leftarrow \left(\dfrac{a}{n}\right)$
5:         **if** $b = 0$ **then**
6:             **return** n 是合数, a 是见证数
7:         **end if**
8:         $m \leftarrow a^{\frac{n-1}{2}} \pmod n$
9:         **if** $b \not\equiv m \pmod n$ **then**
10:           **return** n 是合数, a 是见证数
11:         **end if**
12:     **end for**
13:     **return** n 以高概率是素数
14: **end function**

这个算法对 k 个随机选取的 a 做了 k 次循环. 我们将证明每个循环失败的概率不大于 $\dfrac{1}{2}$, 因此算法以 $1 - \left(\dfrac{1}{2}\right)^k$ 的概率保证所输出的素数为真.

一个合数 n 被算法 16 的一个循环误判为素数, 是因为该循环所选取的 a 不是欧拉见证数. 我们将证明 $\{1, 2, \cdots, n-1\}$ 中所有非欧拉见证数均在 $\mathbb{Z}_n^*$ 的一个

真子群中, 因此它们的个数不大于 $\dfrac{n-1}{2}$.

定理 6.6 设奇数 $n > 2$ 为合数. 则 n 的非欧拉见证数均在 $\mathbb{Z}_n^*$ 的一个真子群中.

证明 我们构造非空集合

$$H = \left\{ a \in \mathbb{Z}_n^* : \left(\frac{a}{n}\right) = a^{\frac{n-1}{2}} \pmod{n} \right\}.$$

这是 $\mathbb{Z}_n^*$ 的 (有限) 子集. 显然它对乘法封闭, 进而是个子群.

我们分两种情况来证明 H 是真子群.

情况 1. n 有平方素因子. 设 $n = p^\alpha n'$, 其中 p 是素数, $\alpha > 1, n' \geqslant 1$ 且 $p \nmid n'$. 此时我们断言 $a = 1 + p^{\alpha-1} n'$ 在 $\mathbb{Z}_n^* \setminus H$ 中. 事实上, 由 $\alpha - 1 > 0$ 可知 $\gcd(a, n) = 1$. 我们还有

$$\left(\frac{a}{n}\right) = \left(\frac{1+p^{\alpha-1}n'}{p^\alpha n'}\right) = \left(\frac{1+p^{\alpha-1}n'}{p}\right)\left(\frac{1+p^{\alpha-1}n'}{p^{\alpha-1}n'}\right) = 1.$$

另一方面, 由于 $p \nmid \dfrac{n-1}{2}$,

$$a^{\frac{n-1}{2}} = (1+p^{\alpha-1}n')^{\frac{n-1}{2}} \equiv 1 + \frac{n-1}{2} p^{\alpha-1} n' \pmod{n} \not\equiv 1 \pmod{n}.$$

所以 $a \notin H$.

情况 2. n 没有平方素因子. 设 $n = pn'$, 其中 p 是素数, $n' > 1$ 且 $p \nmid n'$. 此时我们取 p 的一个二次非剩余 b, 并记 $p^{-1} = p^{-1} \pmod{n'}, n'^{-1} = n'^{-1} \pmod{p}$. 令 $a = p^{-1}p + bn'^{-1}n'$, 则由于 $p \nmid b$, 易见 $\gcd(n, a) = 1$. 注意到

$$a^{\frac{n-1}{2}} \equiv (p^{-1}p)^{\frac{n-1}{2}} \pmod{n'} \equiv 1 \pmod{n'},$$

我们可得 $a^{\frac{n-1}{2}} \not\equiv -1 \pmod{n}$. 另一方面, 由于 $a \equiv b \pmod{p}$, $a \equiv 1 \pmod{n'}$,

$$\left(\frac{a}{n}\right) = \left(\frac{a}{p}\right)\left(\frac{a}{n'}\right) = \left(\frac{b}{p}\right)\left(\frac{1}{n'}\right) = -1.$$

所以 $a \notin H$. $\qquad\qquad\qquad\qquad\qquad\qquad\qquad\qquad\qquad\qquad\qquad\square$

Miller-Rabin 算法

Miller-Rabin 算法的出发点是费马小定理. 这个定理说, 对于素数 n 和正整数 $a < n$,

$$a^{n-1} \equiv 1 \pmod{n}. \tag{6.3}$$

我们看到的是 n 为素数的一个必要条件. 由于存在一类叫做 Carmichael 数的合数, 其中每一个数 k 都满足

$$a^{k-1} \equiv 1 \pmod{k} \text{ 对任何与 } k \text{ 互素的 } a \text{ 都成立},$$

我们不能期待变换 (6.3) 中的 a 来排除 n 是合数的可能性. 事实上, 如果一个无平方因子的奇数 n 满足下述条件: 对于 n 的每个素因子 p 都有 $(p-1)|(n-1)$, 那么 n 是一个 Carmichael 数. 这个事实也容易核验, 对任意满足 $\gcd(a,n) = 1$ 的正整数 a, 如果 p 是 n 的素因子, 则 $a^{p-1} \equiv 1 \pmod{p}$. 于是

$$a^{n-1} \equiv 1 \pmod{p}.$$

这表明

$$a^{n-1} \equiv 1 \pmod{n}.$$

用这样的准则, 我们可以构造很多 Carmichael 数, 例如 561.

Miller-Rabin 素检测算法的思想是对上面考察的进一步深化. 现假设 n 是一个奇数, 将它写成 $n - 1 = 2^t q$, 其中为 q 奇数. 所以 $(a^q)^{2^t} \equiv 1 \pmod{n}$. 亦即

$$(a^q)^{2^t} - 1 = (a^q - 1)(a^q + 1)((a^q)^2 + 1) \cdots ((a^q)^{2^{t-1}} + 1) \equiv 0 \pmod{n}.$$

此式推出下面诸式必有一项成立

$$a^q \equiv 1 \pmod{n}, \ a^q \equiv -1 \pmod{n}, \cdots, \ (a^q)^{2^{t-1}} \equiv -1 \pmod{n}. \tag{6.4}$$

如果对某个 $a, \gcd(a,n) = 1$, 上式中每一项都不被满足, 那么 n 必定为合数. 这时我们称 a 为 n (作为合数) 的一个 Miller-Rabin 见证数. 如果 n 是合数, 称 a 为 n 的一个非 Miller-Rabin 见证数如果 (6.4) 中至少一项成立.

现在, 我们随机地选取 k 个 a 来据此测试 n 的素性, 便可以引出 Miller-Rabin 素检测算法.

算法 17 Miller-Rabin 素检测算法

输入: 正奇数 $n > 2$, $n = 2^t q + 1$, q 为奇数
输出: n 的素性

```
1: function MILLER-RABIN(n, k)
2:     for j ← 0, 1, ⋯, k − 1 do
3:         随机选取整数 2 ≤ a ≤ n − 2
4:         b ← a^q (mod n)
5:         if b ≠ 1 并且 b ≠ n − 1 then
6:             i ← 1
7:             while i < t 并且 b ≠ n − 1 do
```

```
8:              b ← b² (mod n)
9:              if b = 1 then
10:                 return n 是合数, a 是见证数
11:             end if
12:             i ← i + 1
13:         end while
14:         if b ≠ n − 1 then
15:             return n 是合数, a 是见证数
16:         end if
17:     end if
18: end for
19: return n 以高概率是素数
20: end function
```

这个算法对 k 个随机选取的 a 做了 k 次循环. 每个循环失败的概率不大于 $\dfrac{1}{4}$, 因此算法以 $1 - \left(\dfrac{1}{4}\right)^k$ 的概率保证所输出的素数为真.

我们最后讨论单个循环失败概率的上界. 上面提过 $\dfrac{1}{4}$ 便是这样一个上界, 但其证明比较繁琐. 我们证明一个相对弱的上界, $\dfrac{1}{2}$. 一个合数 n 被算法 17 的一个循环误判为素数, 是因为该循环所选取的 a 不是 Miller-Rabin 见证数. 下面定理证明的基本策略是所有非 Miller-Rabin 见证数均在 $\mathbb{Z}_n^*$ 的一个真子群中, 同时由于 $\mathbb{Z}_n \setminus \mathbb{Z}_n^*$ 中的非零元素也是 Miller-Rabin 见证数, 故 $\{1, 2, \cdots, n-1\}$ 中至少一半的数是 Miller-Rabin 见证数.

定理 6.7 设 q 为奇数, $n = 2^t q + 1$ 为合数. 则 n 的非 Miller-Rabin 见证数均在 $\mathbb{Z}_n^*$ 的一个真子群中.

我们先证明一个引理.

引理 6.1 设 p 为奇素数, $n = p^\alpha$ 为合数. 则 a 是非 Miller-Rabin 见证数当且仅当 $a^{p-1} \equiv 1 \pmod{n}$.

证明 因为 $\alpha > 1$, 所以 $\gcd(p^\alpha - 1, p^\alpha - p) = p - 1$, 即存在整数 x, y 使得 $x(p^\alpha - 1) + y(p^\alpha - p) = p - 1$. 如果 a 是非 Miller-Rabin 见证数, 则 $a^q \equiv 1 \pmod{n}$ 或存在 $0 \leqslant i < t$ 使 $(a^q)^{2^i} \equiv -1 \pmod{n}$, 其中 $n = 2^t q + 1$. 这将导致 $a^{n-1} = a^{p^\alpha - 1} \equiv 1 \pmod{n}$. 另外, 欧拉定理告诉我们 $a^{\phi(n)} = a^{p^\alpha - p} \equiv 1 \pmod{n}$. 于是

$$a^{p-1} = a^{x(p^\alpha - 1) + y(p^\alpha - p)} \equiv 1 \pmod{n}.$$

反过来, 假定 $a^{p-1} \equiv 1 \pmod{n}$. 我们可从 $(p-1)|(n-1)$ 得知 $(a^q)^{2^t} \equiv 1$

$(\bmod n)$.

若 $a^q \equiv 1 \pmod n$, 问题得证. 不然, 设 j 为最小的正整数使得 $(a^q)^{2^j} \equiv 1$ $(\bmod n)$. 这个要求蕴涵着 $(a^q)^{2^{j-1}} \not\equiv 1 \pmod n$. 我们现在证明

$$(a^q)^{2^{j-1}} \equiv -1 \pmod n.$$

设 g 是模 $n = p^\alpha$ 的原根, $a = g^k \pmod n$. 前面的推导表明存在正整数 ℓ 使 $2^j qk = \ell\phi(n)$, 但 $\phi(n) \nmid 2^{j-1}qk$. 于是 ℓ 必为奇数. 所以

$$(a^q)^{2^{j-1}} \equiv g^{2^{j-1}qk} \equiv g^{\frac{2^j qk}{2}} \equiv (g^{\frac{\phi(n)}{2}})^\ell \equiv (-1)^\ell = -1 \pmod n. \qquad \square$$

定理 6.7 的证明　我们先考虑 $n = p^\alpha, \alpha > 1$ 的情形. 上面的引理已证每个非 Miller-Rabin 见证数 a 都满足 $a^{p-1} \equiv 1 \pmod n$, 进而全体非 Miller-Rabin 见证数构成一个乘法子群. 然而 $h = 1 + p^{\alpha-1} \in \mathbb{Z}_n^*$ 但 $h^{p-1} \not\equiv 1 \pmod n$, 全体非 Miller-Rabin 见证数形成的是一个真子群.

现在设 $n = p^\alpha n', n' > 1, p \nmid n'$. 设

$$C = \{i \geqslant 0 : \exists a \in \mathbb{Z}, a^{2^i} \equiv -1 \pmod n\},$$

则 C 是一个非空集 $(0 \in C)$ 且有上界 (C 中每个元素均不超过 $\phi(n)$). 令 $i_0 = \max_{i \in C} i$, 并构造子群

$$H = \{a \in \mathbb{Z}_n^* : (a^q)^{2^{i_0}} \equiv \pm 1 \pmod n\}.$$

我们下面证明全体非 Miller-Rabin 见证数皆在 H 中. 事实上, 如果 $a^q \equiv 1$ $(\bmod n)$, 显然 a 在 H 中. 如果存在 $i < t$ 使 $(a^q)^{2^i} \equiv -1 \pmod n$, 则因 $a^q \in C$, $i \leqslant i_0$ 成立. 若 $i = i_0, a$ 在 H 中, 若 $i < i_0, (a^q)^{2^{i_0}} = ((a^q)^{2^i})^{2^{i_0-i}} \equiv 1 \pmod n, a$ 依然在 H 中.

我们接下来证明 H 是 $\mathbb{Z}_n^*$ 的真子群. 设 a_0 满足 $a_0^{2^{i_0}} \equiv -1 \pmod n$. 记 $p^{-\alpha} = p^{-\alpha} \pmod{n'}, n'^{-1} = n'^{-1} \pmod{p^\alpha}$, 并令

$$b = p^{-\alpha}p^\alpha + a_0 n'^{-1} n' \pmod n.$$

我们断言, $b \in \mathbb{Z}_n^* \setminus H$. 否则 $(b^q)^{2^{i_0}} \equiv \pm 1 \pmod n$. 如果 $(b^q)^{2^{i_0}} \equiv 1 \pmod n$, 则 $(b^q)^{2^{i_0}} \equiv 1 \pmod{p^\alpha}$. 但此项是 $(a^{2^{i_0}})^q \equiv (-1)^q = -1$, 这是矛盾的. 同理, 如果 $(b^q)^{2^{i_0}} \equiv -1 \pmod n$, 则 $(b^q)^{2^{i_0}} \equiv -1 \pmod{n'}$. 但此项是 1, 这也是矛盾的. $\qquad \square$

6.2.2 确定性算法

2002 年, Agrawal, Kayal, Saxena 公布了第一个素检测的确定性多项式算法, 被称为 AKS 算法 [23]. 这个算法的出发点是下面的一个关于素数的充要条件, 其中多项式的未定元起了关键的作用.

定理 6.8　设有整数 $n > a \geqslant 1$ 且 $\gcd(a, n) = 1$. 则 n 是素数的充要条件是

$$(x + a)^n = x^n + a$$

在 $\mathbb{Z}_n[x]$ 中成立.

证明　如果 n 是素数, 那么对于 $1 \leqslant k \leqslant n-1$, $n | \binom{n}{k}$. 于是

$$(x + a)^n = x^n + \sum_{k=1}^{n-1} \binom{n}{k} a^k x^{n-k} + a^n \equiv x^n + a \quad (\bmod\ n).$$

反过来, 如果存在素数 p 和正整数 t, q 使得 $n = p^t q, p \nmid q$, 我们断言 $p^t \nmid \binom{n}{p}$. 事实上, p 同每一个 $n-1, n-2, \cdots, n-p+1$ 互素, 所以

$$\binom{n}{p} = \frac{n(n-1)(n-2)\cdots(n-p+1)}{1 \cdot 2 \cdots \cdot p}$$

中 p 的阶数至多是 $t-1$. 由于 a 满足 $\gcd(a, n) = 1$, 我们知道 $n \nmid \binom{n}{p} a^{n-p}$. 这表明, 展开式

$$(x + a)^n = x^n + \sum_{k=1}^{n-1} \binom{n}{k} a^k x^{n-k} + a^n$$

必有 $\binom{n}{p} a^{n-p} x^p$ 项, 故 $(x + a)^n = x^n + a$ 绝无可能.　□

仅仅利用上述定理来判定素性需要大量的计算. 我们可以用二分法计算 $(x + a)^n$, 但中间的平方和乘积步骤所卷入的多项式会含有很多非零项, 其复杂度可以达到 $O(n)$, 它关于 n 的比特长度是指数级的.

AKS 算法的思想是考虑在 $\mathbb{Z}_n[x]$ 的商环中检查等式 $(x + a)^n = x^n + a$, 希望在这个过程中出现的多项式次数得到控制. 它们取形如 $\mathbb{Z}_n[x]/(x^r - 1)$ 的商环.

AKS 算法所依赖的主要结果是下面的定理.

定理 6.9 设有正整数 n 和 r 满足

(1) $n > 3$;

(2) $r < n$ 是一个素数;

(3) 对于 $2 \leqslant a \leqslant r$, $a \nmid n$;

(4) $\mathrm{ord}_r(n) > 4(\log n)^2$;

(5) 对于每个 $1 \leqslant a \leqslant 2\sqrt{r}\log n$,

$$(x + a)^n \equiv x^n + a \pmod{x^r - 1}$$

在 $\mathbb{Z}_n[x]$ 中成立. 那么 n 必是一个素数的幂.

我们在这里不打算介绍定理 6.9 的证明, 有兴趣的读者可参看文献 [24]. 但我们将对定理 6.9 所需要的最小的素数 r 给出估计, 以使读者确信这样 r 的大小是可以有效控制的.

命题 6.1 对任意正整数 $n \geqslant 2$, 存在素数 $r \leqslant 20\lceil\log n\rceil^5$ 满足

$$r \mid n$$

或者

$$r \nmid n \text{ 并且} \mathrm{ord}_r(n) > 4\lceil\log n\rceil^2$$

证明 我们可以假定 $n \geqslant 100$ 并将应用定理 6.5 的结论 $2^n < \prod_{p<2n} p$.
记 $L = \lceil\log n\rceil$. 我们现在考察 $\prod_{1\leqslant i\leqslant 4L^2}(n^i - 1)$.

$$\prod_{1\leqslant i\leqslant 4L^2} (n^i - 1) < \prod_{1\leqslant i\leqslant 4L^2} n^i = n^{8L^4+2L^2} \leqslant n^{10L^4}$$

$$= 2^{\log n \cdot 10L^4} \leqslant 2^{10L^5} < \prod_{r\leqslant 20L^5, r\text{为素数}} r.$$

这表明存在一个素数 $r \leqslant 20\lceil\log n\rceil^5$, 使得 $r \nmid \prod_{1\leqslant i\leqslant 4L^2}(n^i - 1)$.

如果 $r \mid n$, 命题得证.

如果 $r \nmid n$, 则我们可以把 n 视为 $\mathbb{Z}_r^*$ 中的元素而考虑它的阶. 由前面的讨论得出, 对每个 $1 \leqslant i \leqslant 4\lceil\log n\rceil^2$ 都有

$$n^i \not\equiv 1 \pmod{r},$$

亦即

$$\mathrm{ord}_r(n) > 4\lceil\log n\rceil^2. \qquad\qquad \square$$

我们现在叙述 AKS 算法, 其中 while 循环至多为 $20\lceil\log n\rceil^5$ 次.

算法 18 AKS 算法

输入: 正整数 $n > 2$

输出: n 的素性

```
 1: function AKS(n)
 2:     if 存在整数 a, b > 1 使 (n = a^b) then
 3:         return n 是合数
 4:     end if
 5:     r ← 2
 6:     while  r < n do
 7:         if gcd(n, r) ≠ 1 then
 8:             return n 是合数
 9:         end if
10:         if r > 2 是素数 then
11:             if 对所有的 i, 1 ≤ i ≤ 4⌈log n⌉², 都有 n^i (mod r) ≠ 1 then
12:                 break
13:             end if
14:         end if
15:         r ← r + 1
16:     end while
17:     if r = n then
18:         return n 是素数
19:     end if
20:     for a = 1 to 2⌈√r⌉⌈log n⌉ do
21:         if (x − a)^n ≢ (x^n − a) (mod x^r − 1, n) then
22:             return n 是合数
23:         end if
24:     end for
25:     return n 是素数
26: end function
```

6.3　广义黎曼假设下的几个数论算法

6.3.1　广义黎曼假设

设 q 为一个正整数. 模 q 特征 χ 是一个定义在整数上的以 q 为周期的复值函数, 并且是完全积性的 (即 $\chi(mn) = \chi(m)\chi(n)$ 对所有 $m, n \in \mathbb{Z}$ 都成立). 这表明当限制 χ 在 $\mathbb{Z}_q^*$ 上时, 它是一个乘法群同态. 如果一个特征在 $\mathbb{Z}_q^*$ 上取常值 1 且

在 $\mathbb{Z}_q^*$ 外取 0, 我们称其为主特征, 用 χ_0 表示.

设 $a_0, a_1, a_2, \cdots$ 为一个复数列, 我们称

$$\sum_{n=1}^{\infty} \frac{a_n}{n^s}$$

为它的狄利克雷级数, 这里的 s 为一个复数. 当数列和 s 的实部满足一定条件时, 狄利克雷级数表示一个解析函数.

著名的狄利克雷级数包括我们之前讨论过的黎曼 zeta 函数. 另一个著名的狄利克雷级数是特征 χ 的狄利克雷 L-函数.

给定一个模 q 特征 χ, 当 $\sigma = \mathrm{Re}(s) > 1$ 时, L-函数定义如下:

$$L(s, \chi) = \sum_{n=1}^{\infty} \frac{\chi(n)}{n^s}.$$

如果 $\sigma \leqslant 1$ 但 $s \neq 1$, 将 $L(s, \chi)$ 定义为上面级数的解析延拓.

广义黎曼假设　函数 $L(s, \chi)$ 的实部在 0 和 1 之间的零点 ρ 必满足

$$\rho = \frac{1}{2} + \mathrm{i}\gamma.$$

在数论计算方面, 我们经常关心如下问题: 给定乘法群 $\mathbb{Z}_q^*$ 的真子群 H, 确定或估计 H 之外的不是 q 的因子的最小素数 p. 我们现阶段对这类问题的理解严重地依赖广义黎曼假设的正确性. 当前人们倾向于广义黎曼假设是正确的, 于是便可以得到更精确的相关估计.

在这方面的代表性进展反映在 Ankeny[25], Montgomery[26], Bach[27], 与 Lamzouri, Li 和 Soundararajan[28] 的文献之中.

我们在这里引用 Bach 证明的结果与 Lamzouri, Li 和 Soundararajan 的结果.

定理 6.10　(1) (Bach) 在广义黎曼假设成立的条件下, 在 $\mathbb{Z}_q^*$ 的一个真子群 H 外的最小的素数小于 $\dfrac{2}{(\ln 3)^2}(\log q)^2$. 进一步, 在 $\mathbb{Z}_q^*$ 的一个真子群 H 外的且与 q 互素的最小的素数小于 $3(\log q)^2$.

(2) (Lamzouri, Li 和 Soundararajan) 如果 $q > 3000$ 并且 q 不能被任何小于 $(\ln q)^2$ 的素数整除, 那么在广义黎曼假设成立的条件下, 在 $\mathbb{Z}_q^*$ 的一个真子群 H 外的最小的素数小于 $(\log q)^2$.

对于素数 q, 模 q 的二次剩余形成 $\mathbb{Z}_q^*$ 的一个真子群, 通过对小于 3000 的素数直接计算, 我们有下面的推论.

推论 6.2　设 $q > 5$ 为一个素数. 那么在广义黎曼假设成立的条件下, 模 q 的最小二次非剩余小于 $(\log q)^2$.

关于模素数的最小原根, 王元于 1959 年证明了在广义黎曼假设成立的条件下, 设 q 为素数, r 为 $q-1$ 的互异的素因子的个数, 则模 q 的最小正原根小于 $O(r^6(\ln p)^2)$ [29]. Shoup [30] 把王元的结果改进到如下结果.

定理 6.11 在广义黎曼假设成立的条件下, 设 q 为素数, r 为 $q-1$ 的互异的素因子的个数, 则模 q 的最小正原根小于 $O(r^4(\ln r + 1)^4(\ln p)^2)$.

因为 $r = O\left(\dfrac{\ln p}{\ln \ln p}\right)$ (见文献 [30]), 所以模 q 的最小正原根小于 $O((\ln p)^6$ $(\ln \ln p)^3)$.

6.3.2 Tonelli-Shanks 算法

在有限域中解高次方程一直是重要的计算问题. 我们在这里介绍一个在素域上解二次方程的算法. 意大利数学家 Tonelli 在 1891 年设计了一个关于模素数的求解平方根的算法, 1978 年 Shanks 独立地发现了这样的算法, 其表达也更简洁. 这个算法现在被称为 Tonelli-Shanks 算法.

给定素数 p 和一个模 p 的二次剩余 n, Tonelli-Shanks 算法给出

$$x^2 \equiv n \pmod{p} \tag{6.5}$$

的两个解.

我们只考虑 $p > 2$ 的情形.

我们先来说明 $p \equiv 3 \pmod 4$ 是个平凡的情形. 此时 $\dfrac{p+1}{4}$ 是个正整数. 由命题 1.1 可知, $n^{\frac{p-1}{2}} \equiv 1 \pmod{p}$. 由此便得

$$n^{\frac{p+1}{2}} \equiv n \pmod{p}.$$

即 $n^{\frac{p+1}{4}}$ 是方程 (6.5) 的解.

我们下面将考察 $p \equiv 1 \pmod 4$ 的情形.

记 $p = 1 + 2^t q$, 其中 q 为奇数. 此时 $t \geqslant 2$. 令 $u = n^{\frac{q+1}{2}} \pmod{p}$, 则

$$u^2 \equiv nn^q \pmod{p},$$

从

$$(n^q)^{2^{t-1}} = n^{\frac{p-1}{2}} \equiv 1 \pmod{p}$$

推得 n^q 在 $\mathbb{Z}_p^*$ 中的阶是 2^{t-1} 的因子.

令 v 为一个模 p 的二次非剩余, $w = v^q$. 所以 $w^{2^{t-1}} = v^{\frac{p-1}{2}} \equiv -1 \pmod{p}$. 另一方面显然有 $w^{2^t} = v^{p-1} \equiv 1 \pmod{p}$, 所以 w 的阶是 2^t. 记 $H \subset \mathbb{Z}_p^*$ 为由 w

生成的 2^t 阶循环群, 我们看到 n^q 必在 H 中. 由于 n^q 的阶是 2^{t-1} 的因子, 故存在正整数 k 使得

$$n^q \equiv w^{2^k} \pmod{p}.$$

令 $x_0 = uw^{-2^{k-1}}$, 我们有

$$x_0^2 = u^2 w^{-2^k} \equiv n n^q (n^q)^{-1} \pmod{p} \equiv n \pmod{p}.$$

这样我们就找到了方程 (6.5) 的解.

在这个过程中, 寻找模 p 的二次非剩余是一个关键的步骤. 根据前面的讨论, 因为模 p 的二次剩余是 $\mathbb{Z}_p^*$ 的一个真子群, 所以在广义黎曼假设下, 我们试遍 $2, 3, \cdots, \lceil \ln p \rceil^2$ 中的每个数, 必能找出一个模 p 的二次非剩余.

下面是 Tonelli-Shanks 算法的伪代码描述.

算法 19 Tonelli-Shanks 算法

输入: 素数 p, 正整数 n

输出: 整数 x 满足 $x^2 \equiv n \pmod{p}$, 或 "n 不是二次剩余"

1: **function** TONELLI-SHANKS(p, a)
2:     **if** $p \equiv 3 \pmod 4$ **then**
3:         $x \leftarrow n^{\frac{p+1}{4}} \pmod{p}$
4:         **if** $x^2 \pmod{p} = n$ **then**
5:             **return** x
6:         **end if**
7:         **return** n 不是二次剩余
8:     **end if**
9:     设 $p = 1 + 2^t q$, 其中 $t > 1$, q 为奇数
10:     选取一个模 p 的二次非剩余 v
11:     $k \leftarrow 0$
12:     **for** $j = 2$ to t **do**
13:         **if** $(nv^{-k})^{\frac{p-1}{2^j}} \not\equiv 1 \pmod{p}$ **then**
14:             $k \leftarrow 2^{j-1} + k$
15:         **end if**
16:     **end for**
17:     $h \leftarrow nv^{-k} \pmod{p}$
18:     $x \leftarrow v^{\frac{k}{2}} h^{\frac{q+1}{2}} \pmod{p}$
19:     **if** $x^2 \pmod{p} = n$ **then**
20:         **return** x
21:     **end if**
22:     **return** n 不是二次剩余
23: **end function**

需要指出的是 Tonelli-Shanks 算法不能用来求解模合数的二次方程, 因为该问题等价于整数分解. 对于高次方程, Adleman, Manders 和 Miller [31] 证明了在广义黎曼假设下, 对任意正整数 m 和任意输入 $n \in \mathbb{N}$, 存在一个多项式算法输出 $x \in \mathbb{N}$ 使得 $x^m = n$, 或输出 "n 不是 m 次剩余" 如果那样的解 x 不存在.

6.3.3 原根的计算

计算模素数的一个原根或者有限域乘法群的一个生成元是一个有实践意义的问题. 我们这里只考虑计算给定素数 p 的原根问题.

这个问题的第一个障碍是需要解决 $p - 1$ 的素因子分解问题. 然而经典计算模型下, 这被认为是计算上的困难问题. 在一些应用中, 人们事先构造一个随机的已知分解的数 n, 然后检测 $n + 1$ 的素性. 对于这样的素数 $p = n + 1$, $p - 1$ 的素因子分解便不是问题了.

在这里的讨论中, 我们假定 $p - 1$ 的素因子分解已经给定:

$$p - 1 = \prod_{j=1}^{t} p_j^{\alpha_j}.$$

在这种情形下, 正整数 g 是个原根当且仅当对每个 j, $g^{\frac{p-1}{p_j}} \not\equiv 1 \pmod{p}$. 事实上, 如果 g 是个原根, 则因其阶为 $p - 1$, 故 $g^{\frac{p-1}{p_j}} \not\equiv 1 \pmod{p}$. 反过来, 如果对每个 j 都有 $g^{\frac{p-1}{p_j}} \not\equiv 1 \pmod{p}$. 如果 g 的阶 $r < p - 1$, 做带余除法得到 q, d, $0 \leqslant d < r$ 满足

$$p - 1 = qr + d.$$

$g^{p-1} = g^r \equiv 1 \pmod{p}$ 迫使 $g^d \equiv 1 \pmod{p}$. r 的极小性推出 $d = 0$. 所以 r 是 $p - 1$ 的一个真因子, 进而必有某个 j_0 使 $r \left| \dfrac{p-1}{p_{j_0}} \right.$. 这导致 $g^{\frac{p-1}{p_{j_0}}} \equiv 1 \pmod{p}$, 产生矛盾. 所以 g 的阶必为 $p - 1$.

这样, 我们就有如下的寻找原根的程序.

算法 20 原根的计算

输入: 素数 $p > 2$ 和分解式 $p - 1 = \prod_{j=1}^{t} p_j^{\alpha_j}$
输出: 模 p 的一个原根 g

1: **function** PRIMROOT(p)
2:     $g \leftarrow 2$
3:     $T \leftarrow 0$
4:     **while** $T = 0$ **do**
5:         $T \leftarrow 1$

6:	**for** $j = 1$ **to** t **do**
7:	**if** $g^{\frac{p-1}{p_j}} \equiv 1 \pmod{p}$ **then**
8:	$g \leftarrow g + 1$
9:	$T \leftarrow 0$
10:	break
11:	**end if**
12:	**end for**
13:	**end while**
14:	**return** g
15:	**end function**

根据前面的结果, 在广义黎曼假设下, 存在一个正数 C, 我们能够在集合 $\{2,$ $3, \cdots, \lceil C(\ln p)^6 (\ln \ln p)^3 \rceil\}$ 内找到模 p 的原根 g.

6.4 练习题

练习 6.1 设 $m > 2$ 为一个正整数, $M = \begin{pmatrix} 2m \\ m \end{pmatrix}$. 证明对于素数 $p \in \left(\dfrac{2m}{3}, 2m \right)$, 有

$$\nu_p(M) = \begin{cases} 0, & \text{如果 } p \leqslant m, \\ 1, & \text{如果 } p > m. \end{cases}$$

练习 6.2 设 IsPrime(n) 为一个确定正整数 n 是否为素数的算法. 如果 n 为素数, 其返回值为 1, 否则其返回值为 0. 用 $T(\log n)$ 表示 IsPrime(n) 的运行时间. 一个简单随机生成不大于 m 的素数的过程如下:

生成随机素数

输入: 正整数 $m > 2$

输出: 素数 $p \leqslant m$

1:	**function** RANDP(m)
2:	$T \leftarrow 0$
3:	**while** $T = 0$ **do**
4:	在 $2, 3, \cdots, m$ 中随机选取 n
5:	$T \leftarrow$ IsPrime(n)
6:	**end while**
7:	**return** n

8: **end function**

讨论这个过程的期望运行时间.

练习 6.3 找出 10000 以内的所有 Carmichael 数.

练习 6.4 对于素数 p, 设 $g(p)$ 为模 p 的最小原根. 核验对于 $(500, 2500)$ 内的所有素数,

$$g(p) < \sqrt{p} - 2.$$

第 7 讲

整数分解方法

大整数分解是数论中最重要的计算难题之一. 近半个世纪以来, 因为 RSA 等公钥密码体制的兴起, 这个问题更加受到关注. 整数分解的现代方法的起源之一是 Lehmer 和 Powers 提出的连分数分解法 [32]. 这个方法于 1970 年成功地被用于分解 $2^{128} + 1$. 最近的记录是 2020 年的 829 比特的 RSA 模数分解, 所用的主要方法是数域筛法. 我们需要指出的是, 在量子计算机的计算模型下, 存在多项式时间的因子分解方法.

我们在这一讲里准备介绍三类整数分解算法, 它们是连分数分解方法、二次筛法和数域筛法. 这些方法共同的出发点来源于费马的思想. 如果我们要分解正整数 N, 先寻找不同的整数 x, y 使

$$x^2 \equiv y^2 \pmod{N}.$$

这样, 便有 $N \mid (x-y)(x+y)$. 于是

$$\gcd(x-y, N) \neq 1 \quad \text{或} \quad \gcd(x+y, N) \neq 1$$

成立.

在寻找满足上述要求的整数对中, 为提高效率需要一些限制条件. 一个常用的条件是利用具有小素因子的正整数. 为此有下面定义.

定义 7.1 给定正整数 B, 一个正整数 N 被称为是 B-光滑的, 如果 N 的每个素因子都不超过 B.

7.1 连分数分解方法

7.1.1 二次无理数的连分数及其周期性

假定 $a, b, c \in \mathbb{Z}$, $a > 0, \gcd(a, b, c) = 1$. 我们首先讨论二次方程

$$ax^2 + bx + c = 0 \tag{7.1}$$

的根的连分数展开. 我们关心的无理数实根, 所以要求

$$b^2 - 4ac > 0 \text{ 并且它不是平方数.}$$

这样的根叫做二次无理数. 二次无理数 α 和它的共轭 α' 分别为

$$\alpha = \frac{-b + \sqrt{b^2 - 4ac}}{2a}, \quad \alpha' = \frac{-b - \sqrt{b^2 - 4ac}}{2a}.$$

记 $P = -b, Q = 2a, D = b^2 - 4ac$, 则二次无理数 α, α' 被简写为

$$\alpha = \frac{P + \sqrt{D}}{Q}, \quad \alpha = \frac{P - \sqrt{D}}{Q}.$$

定义 7.2 上述的二次无理数 α 被称为是关于 D 既约的, 如果 $\alpha > 1$ 并且其共轭 $\alpha' \in (-1, 0)$.

例子 7.1 设 N 为一正整数但非完全平方, 那么 $\alpha = \lfloor \sqrt{N} \rfloor + \sqrt{N} > 1$ 且 $-1 < \lfloor \sqrt{N} \rfloor - \sqrt{N} < 0$. 注意到 α 是整系数方程

$$x^2 - 2\lfloor \sqrt{N} \rfloor x - (N - \lfloor \sqrt{N} \rfloor^2) = 0$$

的根, 因此 α 是一个既约的二次无理数.

下面的关于既约二次无理数的性质对于后面连分数展开的讨论是十分有用的.

命题 7.1 设 (7.1) 的根 $\alpha = \dfrac{P + \sqrt{D}}{Q}$ 为一个关于 $D = b^2 - 4ac$ 的既约二次无理数, 那么

(1) $0 < P < \sqrt{D}, Q < 2\sqrt{D}$;

(2) $\dfrac{1}{\alpha - \lfloor \alpha \rfloor}$ 还是一个关于 D 的既约二次无理数.

证明 (1) 从 $\alpha + \alpha' > 0$ 和 $Q > 0$ 便知 $P > 0$. 由于 $\dfrac{P - \sqrt{D}}{Q} < 0$, 立得 $P < \sqrt{D}$. 又由于 $\dfrac{P + \sqrt{D}}{Q} > 1$, 所以 $Q < P + \sqrt{D} < 2\sqrt{D}$.

(2) 显然 $\dfrac{1}{\alpha - \lfloor \alpha \rfloor} > 1$. 现在

$$\frac{1}{\alpha - \lfloor \alpha \rfloor} = \frac{1}{\dfrac{\sqrt{D} - (\lfloor \alpha \rfloor Q - P)}{Q}} = \frac{(\lfloor \alpha \rfloor Q - P) + \sqrt{D}}{\dfrac{D - (\lfloor \alpha \rfloor Q - P)^2}{Q}}$$

$$= \frac{P_1 + \sqrt{D}}{Q_1},$$

这里 $P_1 = \lfloor \alpha \rfloor Q - P = 2a\lfloor \alpha \rfloor + b$, $Q_1 = \frac{D - (\lfloor \alpha \rfloor Q - P)^2}{Q} = \frac{D - P_1^2}{Q}$. 为完备起见, 我们在这里核验 Q_1 事实上是个整数.

$$Q_1 = \frac{D - (\lfloor \alpha \rfloor Q - P)^2}{Q} = \frac{(\alpha Q - P)^2 - (\lfloor \alpha \rfloor Q - P)^2}{Q}$$

$$= (\alpha - \lfloor \alpha \rfloor)((\alpha + \lfloor \alpha \rfloor)Q - 2P)$$

$$= Q(\alpha - \lfloor \alpha \rfloor)\left((\alpha + \lfloor \alpha \rfloor) - \frac{2P}{Q}\right)$$

$$= Q(\alpha - \lfloor \alpha \rfloor)((\alpha + \lfloor \alpha \rfloor) - (\alpha + \alpha'))$$

$$= -Q(\alpha - \lfloor \alpha \rfloor)(\alpha' - \lfloor \alpha \rfloor)$$

$$= -Q(\alpha\alpha' - (\alpha + \alpha')\lfloor \alpha \rfloor + \lfloor \alpha \rfloor^2)$$

$$= -2(a\lfloor \alpha \rfloor^2 + b\lfloor \alpha \rfloor + c),$$

确实是整数. 进一步可验证 $\dfrac{1}{\alpha - \lfloor \alpha \rfloor}$ 是方程

$$-(a\lfloor \alpha \rfloor^2 + b\lfloor \alpha \rfloor + c)x^2 - (2a\lfloor \alpha \rfloor + b)x - a = 0$$

的根, 上面的方程的判别式恰为

$$(2a\lfloor \alpha \rfloor + b)^2 - 4(a\lfloor \alpha \rfloor^2 + b\lfloor \alpha \rfloor + c)a = b^2 - 4ac = D.$$

我们看到

$$P_1 - \sqrt{D} = \lfloor \alpha \rfloor Q - P - \alpha Q + P = \lfloor \alpha \rfloor Q - \alpha Q < 0,$$

所以 $Q_1 > 0$[①], 进而 $\dfrac{P_1 - \sqrt{D}}{Q_1} < 0$. 另一方面,

$$\sqrt{D} + P_1 = \sqrt{D} + \lfloor \alpha \rfloor Q - P > \lfloor \alpha \rfloor Q \geqslant Q,$$

由此

$$\frac{P_1 - \sqrt{D}}{Q_1} = \frac{(P_1 - \sqrt{D})Q}{D - P_1^2} = -\frac{Q}{P_1 + \sqrt{D}} > -1.$$

---

① 实际上从 $Q_1 = -2(a\lfloor \alpha \rfloor^2 + b\lfloor \alpha \rfloor + c)$ 立即得到 $Q_1 > 0$. 因为 $\lfloor \alpha \rfloor$ 介于 $ax^2 + bx + c = 0$ 的两根之间, 所以 $a\lfloor \alpha \rfloor^2 + b\lfloor \alpha \rfloor + c < 0$.

这说明, $\dfrac{1}{\alpha - \lfloor \alpha \rfloor}$ 还是一个既约的二次无理数. □

我们先指出在既约的二次无理数 $\alpha = \dfrac{P + \sqrt{D}}{Q}$ 的连分数展开过程中非常有用的一个计算特性. 令

$$d = \lfloor \sqrt{D} \rfloor.$$

那么容易验证

$$\lfloor \alpha \rfloor = \left\lfloor \frac{P + d}{Q} \right\rfloor.$$

事实上, 记 $\varepsilon = \sqrt{D} - d$, 则 $\varepsilon \in (0, 1)$ 是无理数. 设 $P + d = qQ + r$, 其中 q, r 为非负整数, $r < Q$. 这表明

(1) $\left\lfloor \dfrac{P + d}{Q} \right\rfloor = q$;

(2) $r + \varepsilon < Q$, 因为 $Q - r \geqslant 1$, 所以 $\alpha = \dfrac{P + d + \varepsilon}{Q} = q + \dfrac{r + \varepsilon}{Q}$. 这说明

$$\lfloor \alpha \rfloor = q.$$

这个计算特性的意义在于, 如果整数 $d = \lfloor \sqrt{D} \rfloor$ 已被计算出来, 那么任何关于 D 的既约二次无理数 $\alpha = \dfrac{P + \sqrt{D}}{Q}$ 的 (向下) 取整仅仅涉及整数的算术运算.

现固定一个非平方的正整数 D, 并计算出 $d = \lfloor \sqrt{D} \rfloor$. 假设 $\alpha_0 = \dfrac{P_0 + \sqrt{D}}{Q_0}$ 是一个关于 D 的既约二次无理数, 其连分数的导出过程如下: 因为 $\alpha_0 > 1$ 是无理数, 记 $a_0 = \lfloor \alpha_0 \rfloor = \left\lfloor \dfrac{P_0 + d}{Q_0} \right\rfloor$, 则由命题 7.1, $\alpha_1 = \dfrac{1}{\alpha_0 - a_0}$ 也是一个关于 D 的既约二次无理数, 记之为 $\alpha_1 = \dfrac{P_1 + \sqrt{D}}{Q_1}$, 即

$$\alpha_1 = \frac{1}{\alpha_0 - a_0} = \frac{P_1 + \sqrt{D}}{Q_1}.$$

再由 α_1 计算 $a_1 = \lfloor \alpha_1 \rfloor = \left\lfloor \dfrac{P_1 + d}{Q_1} \right\rfloor$, 进而得到关于 D 的既约二次无理数

$$\alpha_2 = \frac{1}{\alpha_1 - a_1} = \frac{P_2 + \sqrt{D}}{Q_2}.$$

不断重复这样的过程, 我们得到关于 D 的既约二次无理数

$$\alpha_k = \frac{1}{\alpha_{k-1} - a_{k-1}} = \frac{P_k + \sqrt{D}}{Q_k}.$$

其中 $\alpha_{k-1} = \dfrac{P_k + \sqrt{D}}{Q_k}$, $a_{k-1} = \lfloor \alpha_{k-1} \rfloor = \left\lfloor \dfrac{P_{k-1} + d}{Q_{k-1}} \right\rfloor$. 这样便得到了 α_0 的连分数表示 (部分)

$$\alpha_0 = a_0 + \cfrac{1}{a_1 + \cfrac{1}{a_2 + \cfrac{1}{\ddots + \cfrac{1}{a_{k-1} + \cfrac{1}{\dfrac{P_k + \sqrt{D}}{Q_k}}}}}}.$$

注意到对每个 k, 正整数对 (P_k, Q_k) 都满足 $P_k < \sqrt{D}, Q_k < 2\sqrt{D}$, 所以这样的不同的对少于 $2D$ 个. 这导致存在 $\ell < k$ 使

$$(P_\ell, Q_\ell) = (P_k, Q_k) \tag{7.2}$$

下面我们证明, 上面的 ℓ 可以取成 0.

命题 7.2　如果 ℓ 是满足 (7.2) 的最小非负整数, 则 $\ell = 0$.

证明　假设 $\ell > 0$. 由条件 (7.2), 我们看到 $\alpha_\ell = \alpha_k$, 或 $\alpha_{\ell-1} - a_{\ell-1} = \alpha_{k-1} - a_{k-1}$. 表成完整形式

$$\frac{P_{\ell-1} + \sqrt{D}}{Q_{\ell-1}} - a_{\ell-1} = \frac{P_{k-1} + \sqrt{D}}{Q_{k-1}} - a_{k-1}.$$

整理可得

$$P_{\ell-1} + \sqrt{D} - a_{\ell-1} Q_{\ell-1} = \frac{P_{k-1} Q_{\ell-1}}{Q_{k-1}} + \frac{Q_{\ell-1}}{Q_{k-1}} \sqrt{D} - a_{k-1} Q_{\ell-1}.$$

对比 $\sqrt{D}$ 的系数, 必定有

$$Q_{\ell-1} = Q_{k-1}.$$

现在 $P_{\ell-1} - a_{\ell-1} Q_{\ell-1} = P_{k-1} - a_{k-1} Q_{\ell-1}$, 亦即

$$P_{\ell-1} - P_{k-1} = (a_{\ell-1} - a_{k-1}) Q_{\ell-1}.$$

因为 $\alpha_{\ell-1}, \alpha_{k-1}$ 都是关于 D 的既约二次无理数, 所以 $\alpha_{\ell-1}, \alpha_{k-1} \in (-1, 0)$. 特别地, $0 < \sqrt{D} - P_{\ell-1} < Q_{\ell-1}$, 于是

$$|(a_{\ell-1} - a_{k-1})Q_{\ell-1}| = |P_{\ell-1} - P_{k-1}| < \sqrt{D} - P_{\ell-1} < Q_{\ell-1}$$

必推出 $(a_{\ell-1} - a_{k-1}) = 0$. 这样我们又证明了

$$P_{\ell-1} = P_{k-1},$$

进而, $\alpha_{\ell-1} = \alpha_{k-1}$, 与 ℓ 的极小性矛盾. $\qquad\square$

上面的讨论说明一个既约的二次无理数 α 的连分数展开的形式为

$$\alpha = [a_0; a_1, \cdots, a_k, a_0, a_1, \cdots, a_k, a_0, a_1, \cdots, a_k, \cdots].$$

这样的周期表达亦被记为

$$\alpha = \overline{[a_0; a_1, \cdots, a_k]}.$$

例子 7.2 设 N 为一正整数但非完全平方, 前面指出了 $\alpha = \lfloor \sqrt{N} \rfloor + \sqrt{N}$ 是一个既约的二次无理数. 显然

$$\lfloor \alpha \rfloor = 2\lfloor \sqrt{N} \rfloor,$$

所以 α 的连分数展开的形式为

$$\alpha = \overline{[2\lfloor \sqrt{N} \rfloor; a_1, \cdots, a_k]}.$$

由此式得到 $\sqrt{N}$ 的连分数形式为

$$\sqrt{N} = [\lfloor \sqrt{N} \rfloor; a_1, \cdots, a_k, 2\lfloor \sqrt{N} \rfloor, a_1, \cdots, a_k, 2\lfloor \sqrt{N} \rfloor, \cdots]$$
$$= [\lfloor \sqrt{N} \rfloor; \overline{a_1, \cdots, a_k, 2\lfloor \sqrt{N} \rfloor}].$$

7.1.2 整数分解的连分数方法

前面介绍了既约的二次无理数的连分数展开的过程, 讨论了它的一个益于计算的特性, 证明了展开式的周期性. 也由此导出了 $\sqrt{N}$ 的连分数表达. 对于大整数分解一类的计算任务, 一般的周期达到目前计算无法处理的地步, 所以我们通常用的连分数逼近止步在第一个周期内.

设 B 为一个正整数, 记

$$\mathcal{S}_B = \{p \leqslant B | p \text{ 是素数}\}.$$

这个集合包含 $\pi(B)$ 个元素, 叫做一个因子基.

现在假定我们的任务是分解正奇数 N.

第一步是采用 7.1.1 小节的方法计算 $\sqrt{N}$ 的部分连分数. 设它的连分数形式为

$$\sqrt{N} = a_0 + \cfrac{1}{a_1 + \cfrac{1}{a_2 + \cfrac{1}{\ddots + \cfrac{1}{a_n + \cdots}}}} = [a_0; a_1, \cdots, a_n, \cdots].$$

同第 2 讲一样, 我们用 $\left\{ \dfrac{\alpha_j}{\beta_j} \middle| j = -1, 0, 1, 2, \cdots \right\}$ 表示 $\sqrt{N}$ 的渐近分数序列. 给出初始值 $(\alpha_{-1}, \beta_{-1}) = (1, 0), (\alpha_0, \beta_0) = (a_0, 1)$, 序列依下面规则形成:

$$(\alpha_{j+1}, \beta_{j+1}) = (a_{j+1}\alpha_j + \alpha_{j-1}, a_{j+1}\beta_j + \beta_{j-1}).$$

我们用秦九韶恒等式导出的不等式对无理数连分数逼近也成立:

$$\left| \sqrt{N} - \frac{\alpha_n}{\beta_n} \right| < \frac{1}{\beta_n^2}.$$

上述不等式两端同乘 $\beta_n^2 \left(\sqrt{N} + \dfrac{\alpha_n}{\beta_n} \right)$ 并利用 $\dfrac{\alpha_n}{\beta_n} < \sqrt{N} + 1$, 可得

$$\left| \beta_n^2 N - \alpha_n^2 \right| < \left(\sqrt{N} + \frac{\alpha_n}{\beta_n} \right) < 2\sqrt{N} + 1.$$

记

$$f_n = \alpha_n^2 - \beta_n^2 N.$$

则下面的考虑是下一步的基础.

(1) $f_n \equiv \alpha_n^2 \pmod{N}$;

(2) $|f_n| < 2\sqrt{N} + 1$ 是个较小的数, 因此 f_n 有较大的可能是 B-光滑数.

第二步是在 $\mathcal{S}_B$ 上分解 f_n 并形成平方差. 设 $f_{n_1}, \cdots, f_{n_t}$ 能够在 $\mathcal{S}_B$ 上分解:

$$f_{n_j} = (-1)^{e_{0j}} p_1^{e_{1j}} \cdots p_m^{e_{mj}}.$$

我们希望能找出 $\{1, 2, \cdots, t\}$ 的一个非空子集 F, 使

$$\sum_{j \in F} e_{0j} \equiv 0 \pmod{2},$$

$$\sum_{j \in F} e_{1j} \equiv 0 \pmod{2}, \tag{7.3}$$

$$\cdots\cdots$$

$$\sum_{j \in F} e_{mj} \equiv 0 \pmod{2}.$$

这样就以下面的方式得到了一个平方:

$$\prod_{j \in F} f_{n_j} = (-1)^{\sum_{j \in F} e_{0j}} p_1^{\sum_{j \in F} e_{1j}} \cdot p_t^{\sum_{j \in F} e_{tj}} = y^2,$$

所以

$$\left(\prod_{j \in F} \alpha_{n_j}\right)^2 \equiv y^2 \pmod{N}.$$

确定 $\{1, 2, \cdots, t\}$ 的满足 (7.3) 非空子集 F 的问题可以翻译成求解 $\mathbb{F}_2$ 上的线性方程组求解问题:

$$a_{01}x_1 + a_{02}x_2 + \cdots + a_{0t}x_t = 0,$$

$$a_{11}x_1 + a_{12}x_2 + \cdots + a_{1t}x_t = 0,$$

$$\cdots\cdots$$

$$a_{m1}x_1 + a_{m2}x_2 + \cdots + a_{mt}x_t = 0$$

其中 $a_{ij} = e_{ij} \pmod{2}$.

如果我们用高斯消元法得到一个解 $(x_1, x_2, \cdots, x_t)$, 则可以取

$$F = \{j : x_j = 1\}.$$

最后一步令 $x = \prod_{j \in F} \alpha_{n_j}$, 则从 $x^2 \equiv y^2 \pmod{N}$, 尝试通过计算

$$\gcd(x - y, N) \quad \text{和} \quad \gcd(x + y, N)$$

来得到 N 的非平凡因子.

例子 7.3   用连分数方法分解 $N = 3060469$. 在这个问题中, $\lfloor \sqrt{N} \rfloor = 1749$,

$$\sqrt{N} = [1749; \overline{2,2,1,1,1,1,3,2,1,14,1,1,1,6,2,2,4,12,2,63,\cdots,3498}].$$

取 $B = 14$. 在 $f_{10}, f_{11}, \cdots, f_{30}$ 中检测, 可得

$$\alpha_{13}^2 - \beta_{13}^2 N = f_{13} = 3^2 \cdot 5 \cdot 11,$$
$$\alpha_{16}^2 - \beta_{16}^2 N = f_{16} = (-1)2^2 \cdot 3 \cdot 5 \cdot 13,$$
$$\alpha_{17}^2 - \beta_{17}^2 N = f_{17} = 5^2 \cdot 11,$$
$$\alpha_{19}^2 - \beta_{19}^2 N = f_{19} = 5 \cdot 11$$

是 B-光滑的. 在这种情况下, 我们可以把因子基缩减为 $\{2, 3, 5, 11, 13\}$.

从 $\mathbb{F}_2$ 上的方程

$$\begin{pmatrix} 0 & 1 & 0 & 0 \\ 0 & 2 & 0 & 0 \\ 2 & 1 & 0 & 0 \\ 1 & 1 & 2 & 1 \\ 1 & 0 & 1 & 1 \\ 0 & 1 & 0 & 0 \end{pmatrix} \begin{pmatrix} x_1 \\ x_2 \\ x_3 \\ x_4 \end{pmatrix} \equiv \begin{pmatrix} 0 & 1 & 0 & 0 \\ 0 & 0 & 0 & 0 \\ 0 & 1 & 0 & 0 \\ 1 & 1 & 0 & 1 \\ 1 & 0 & 1 & 1 \\ 0 & 1 & 0 & 0 \end{pmatrix} \begin{pmatrix} x_1 \\ x_2 \\ x_3 \\ x_4 \end{pmatrix} = \begin{pmatrix} 0 \\ 0 \\ 0 \\ 0 \end{pmatrix} \quad (\bmod\ 2),$$

解得 $(x_1, x_2, x_3, x_4) = (1, 0, 0, 1)$. 所以 $f_{13} f_{19}$ 是平方数. 计算得到

$$y^2 = f_{13} f_{19} = 165^2.$$

另一方面,

$$x = \alpha_{13} \alpha_{19} \quad (\bmod\ N) = 29587934 \cdot 117117410246 \quad (\bmod\ N) = 979675,$$

现有

$$\gcd(y - x, N) = 1999, \quad \gcd(y + x, N) = 1531.$$

我们得到分解式

$$N = 1531 \cdot 1999.$$

7.2   二次筛法

二次筛法是 Pomerance 提出的因子分解方法. 这个方法在所涉及的整数不太大时表现最优, 但在一般的情况下不及数域筛法.

在连分数分解方法中, 我们限制在 $\sqrt{N}$ 的渐近分数序列内来考察每个 f_n 是否为 B-光滑的. 二次筛法则对更大范围之后的数都做这样的检验, 同时对检查的方式进行了优化.

下面是个有用的引理.

引理 7.1 设 B 为一个正整数. 如果正整数 $m_1, m_2, \cdots, m_k$ 为一列 B-光滑数且 $k > \pi(B)$, 那么必有一个非空子序列 $m_{n_1}, \cdots, m_{n_t}$ 使 $\prod_{j=1}^{t} m_{n_j}$ 是平方数.

证明 设

$$\mathcal{S}_B = \{p_1, p_2, \cdots, p_{\pi(B)}\}$$

并设 m_j 的分解式为

$$m_j = \prod_{i=1}^{\pi(B)} p_i^{v_{ij}}.$$

于是有 k 个相应的 $\mathbb{F}_2$ 上线性空间 $\mathbb{F}_2^{\pi(B)}$ 的向量

$$v_j = (v_{1j}, v_{2j}, \cdots, v_{\pi(B)j}) \pmod 2.$$

因为 k 大于空间 $\mathbb{F}_2^{\pi(B)}$ 的维数 $\pi(B)$, $v_1, v_2, \cdots, v_k$ 必线性相关, 即存在 $n_1, \cdots, n_t$ 使

$$v_{n_1} + \cdots + v_{n_t} = 0.$$

所以每个 $\sum_{j=1}^{t} v_{in_j}$ 都是偶数, 因此 $\prod_{j=1}^{t} m_{n_j}$ 是平方数. $\quad\square$

二次筛法分解正整数 N 的基本步骤是如下.

(1) 选取适当的 B, 对每一个 $x \in \{\lceil\sqrt{N}\rceil, \lceil\sqrt{N}\rceil+1, \cdots, \lceil\sqrt{N}\rceil+K\}$ 检测 $x^2 - N$ 是否为 B-光滑的, 其中 $K = \lceil N^{\frac{1}{2}+o(1)} \rceil$.

(2) 如果已发现超过 $\pi(B)$ 个 B-光滑的 $x^2 - N$ 之值, 找出其中的 t 个值 $x_1^2 - N, \cdots, x_t^2 - N$ 使其积为平方数 A^2.

(3) 令 $a = A \pmod N, b = \prod_{j=1}^{t} x_j \pmod N$, 则 $a^2 \equiv b^2 \pmod N$. 如果 $a \not\equiv \pm b \pmod N$, 从

$$\gcd(a+b, N) \quad \text{和/或} \quad \gcd(a+b, N)$$

可以得到 N 的真因子. 如果 $a \equiv \pm b \pmod N$, 返回步骤 (1).

对于步骤 (1), 我们需要一些进一步的讨论. 首先讨论选取具有二次形式的光滑数 $x^2 - N$ 的筛法, 同时也正二次筛法之名. 这个方法本质上是在古老的埃拉托色尼 (Eratosthenes) 筛法的基础上做一些修改. 现在我们将 2 到 X 之间的整数排成一列 (即第 j 个位置上的数是 $j+1$, $j = 1, 2, \cdots, X-1$), 从 2 开始, 用其依次去除每个 2 的倍数 (如果遇到 2 的幂的倍数, 亦将其除尽), 标记每个施行除法

的位置; 下一个未被标记的是 3, 用其依次去除每个 3 的倍数 (如果遇到 3 的幂的倍数, 亦将其除尽), 标记每个施行除法的位置, 停止这样的过程当我们看到未被标记的位置中的数已大于 B. 接下来检查每个位置上的数, 如果它是 1, 表明这个位置上最初始的值已被 $\mathcal{S}_B$ 中的素数除尽, 所以这个初始值是 B-光滑数. 整个过程所用的除法的个数可为

$$X \sum_{p \in \mathcal{S}_B} \frac{1}{p} \approx X \ln \ln B$$

的常数倍所控制. 因此, 对 2 到 X 之间的整数筛完后, 每个数所需的除法运算量平均为 $\ln \ln B$. 注意到我们所真正施行二次筛法的并不是正规的连续整数序列, 而是二次多项式序列 $x^2 - N$ 当 x 依次取 $\lceil \sqrt{N} \rceil, \lceil \sqrt{N} \rceil + 1, \cdots$. 所以二次筛法应当用于序列

$$\lceil \sqrt{N} \rceil^2 - N, (\lceil \sqrt{N} \rceil + 1)^2 - N, \cdots, (\lceil \sqrt{N} \rceil + K)^2 - N.$$

对于这种情况, 二次筛法程序的本质思想还是一样的. 对于素数 $p \in \mathcal{S}_B$, 在进行 $\dfrac{x^2 - N}{p}$ 时, 对应求解 $\mathbb{F}_p$ 上的二次方程

$$x^2 \equiv N \pmod{p},$$

其可解性可由勒让德符号 $\left(\dfrac{N}{p} \right)$ 的值来确定. 我们可以把 $\left(\dfrac{N}{p} \right) = -1$ 的 p 从 $\mathcal{S}_B$ 中除去, 使因子基更小. 当 $\left(\dfrac{N}{p} \right) = 1$ 时, 假设上面方程的解是 a_1, a_2, 那么我们知道对于

$$x = a_i + p, x = a_i + 2p, \cdots,$$

$x^2 - N$ 都被 p 整除.

　　其次我们希望有一个选取 B 的指导性原则. 记

$$\psi(x, y) = |\{r : r \text{ 是小于 } x \text{ 的正整数并且是 } y\text{-光滑的}\}|,$$

则 $\psi(x, y)$ 有如下逼近式:

$$\psi(x, y) \approx x \rho \left(\frac{\ln x}{\ln y} \right),$$

其中 $\rho(u)$ 是 Dickson-de Bruijn 函数[①].

　　我们讨论中需要 Canfield, Erdös 和 Pomerance 的下述结果[33].

---

① $\rho(u)$ 是时滞微分方程 $u\rho'(u) + \rho(u-1) = 0$ 的满足下面初始条件的连续解: 对每个 $u \in [0, 1]$, $\rho(u) = 1$.

定理 7.1 固定 $\varepsilon > 0$, 如果 X, u 都是递增的变量且满足 $X^{\frac{1}{u}} > (\ln X)^{1+\varepsilon}$, 则

$$\frac{\psi(X, X^{\frac{1}{u}})}{X} = u^{-(1+o(1))u}.$$

我们定义度量整数分解和求解离散对数的复杂性时常用的 L 记法.

定义 7.3 设 c 为一个正实数, $0 \leqslant \alpha \leqslant 1$, 对于正整数 N 定义

$$L_N[\alpha, c] = e^{(c+o(1))(\ln N)^\alpha (\ln \ln N)^{1-\alpha}}.$$

现设定光滑数的搜索上界是 X, 并假设光滑数的素因子不超过 $B = X^{\frac{1}{u}}$, 我们寻找 u 的最佳值. 由 ψ 的定义, 平均每隔 $\dfrac{X}{\psi(X, X^{\frac{1}{u}})}$ 个数会有一个光滑数. 当光滑数的个数超过 $\pi(B)$ 时, 我们可以得到它们的一个子集, 其积是个平方数. 所以总的运算量约等于

$$c(u) = \frac{\pi(B)(\ln \ln B)X}{\psi(X, X^{\frac{1}{u}})}.$$

我们的目标是计算 u 使上式极小. 我们用一些粗略简单的估计将上式转换成易于处理的形式: $\pi(B)(\ln \ln B) \approx X^{\frac{1}{u}}, \dfrac{X}{\psi(X, X^{\frac{1}{u}})} \approx u^u$. 现在求

$$c_1(u) = X^{\frac{1}{u}} u^u$$

的极小值点. 为简化起见, 再退求其对数 $\ell(u) = \dfrac{1}{u} \ln X + u \ln u$ 的极小值点. 整理 $\ell'(u) = 0$, 得到

$$u^2(\ln u + 1) = \ln X. \tag{7.4}$$

对上式再求对数, 有 $\ln \ln X = 2 \ln u + \ln(\ln u + 1)$, 保留主项

$$\ln u \sim \frac{1}{2} \ln \ln X. \tag{7.5}$$

联立 (7.4) 和 (7.5), 我们得到 (近似的)u:

$$u \sim \left(\frac{2 \ln X}{\ln \ln X} \right)^{\frac{1}{2}}.$$

由此得到光滑数的素因子的一个好的上界 $B = X^{\frac{1}{u}} \sim e^{(\frac{1}{2} \ln X \ln \ln X)^{\frac{1}{2}}}$. 我们加入 "无穷小" 量 $o(1)$ 将其表为

$$B = e^{(\frac{1}{\sqrt{2}} + o(1))(\ln X \ln \ln X)^{\frac{1}{2}}}.$$

我们的筛法第一步建议取 $X = \lceil N^{\frac{1}{2}+o(1)} \rceil$, 于是在 L 记法表示下, 有

$$B = L_N \left[\frac{1}{2}, \frac{1}{2} \right].$$

我们前面得到二次筛法算法中第 (1) 步的总运算量的简单表示 $X^{\frac{1}{u}} u^u = B u^u$, 它在 L 记法表示下的值为

$$L_N \left[\frac{1}{2}, 1 \right].$$

二次筛法算法中的第 (2) 步是在超过 $\pi(B)$ 个 B-光滑数中, 找出 t 个值 $x_1^2 - N, \cdots, x_t^2 - N$ 使其积为平方数 A^2. 这里的方法同我们在连分数分解法中所用的方法一样, 通过构造 $\mathbb{F}_2$ 上的齐次线性方程组, 求得一个非零解来确定 t 个合用的值. 方程组所对应的矩阵阶数是 $B \times m$, 其中 $m > \pi(B)$, 但一般是小于 B 的. 现有的快速算法可使这个求解方程组的复杂性降到

$$L_N \left[\frac{1}{2}, 1 \right].$$

所以整个二次筛法算法的计算复杂性是

$$L_N \left[\frac{1}{2}, 1 \right].$$

7.3 数域筛法

前两节讨论了整数因子分解的两个现代方法, 并介绍了一定的细节. 在本节中, 我们将简要描述目前最快的整数分解方法——数域筛法.

设 $p(x) = a_n x^n + a_{n-1} x^{n-1} + \cdots + a_1 x + a_0 \in \mathbb{Q}[x]$ 为一个不可约多项式, $\theta \in \mathbb{C}$ 是 $p(x) = 0$ 的一个根. 则集合

$$\mathbb{Q}(\theta) = \{ r_0 + r_1 \theta + \cdots + r_{n-1} \theta^{n-1} : r_0, r_1, \cdots, r_{n-1} \in \mathbb{Q} \}$$

在复数四则运算下构成一个域. 这样的域称为是一个数域. 一个代数整数是一个首 1 整系数多项式的零点, $\mathbb{Q}(\theta)$ 中全体代数整数构成一个环, 记为 $\mathcal{O}_{\mathbb{Q}(\theta)}$.

在数域筛法中, 总的原则依然是对于要分解正整数 N, 寻找不同的整数 x, y 使

$$x^2 \equiv y^2 \pmod{N}.$$

我们从一个次数为 d 的首 1 的整系数不可约多项式 $f(x) \in \mathbb{Q}[x]$ 出发. 并假定存在 $m \in \mathbb{Z}$ 使

$$f(m) \equiv 0 \pmod{N}.$$

这是算法的第一步. 选取 $f(x)$ 的一个方法如下. 确定次数 d. 然后取一正整数 m 满足

$$\left(\frac{N}{2}\right)^{\frac{1}{d}} < m < N^{\frac{1}{d}},$$

再表 N 为一个 m 进制的形式

$$N = c_0 + c_1 m + \cdots + c_{d-1} m^{d-1} + c_d m^d, \quad 0 \leqslant c_j \leqslant m-1.$$

由于 $\dfrac{N}{2} < m^d < N$, 我们必有 $c_d = 1$. 所以取

$$f(x) = c_0 + c_1 x + \cdots + c_{d-1} x^{d-1} + x^d.$$

如果 $f(x)$ 是既约的, 正合所求. 否则如果在 $\mathbb{Z}[x]$ 中有非平凡分解 $f(x) = h(x)g(x)$, 那么已有 N 的非平凡分解

$$N = h(m)g(m).$$

现在设 θ 为 $f(x)$ 的零点, 构造数域

$$K = \mathbb{Q}(\theta).$$

在这样的情况下,

$$\mathbb{Z}[\theta] = \{c_0 + c_1\theta_i + \cdots + c_{d-1}\theta_i^{d-1} \in \mathbb{C} : c_0, c_1, \cdots, c_{d-1} \in \mathbb{Z}\}$$

是 $\mathbb{C}$ 的子环, 同时还有自然的环同构:

$$\Phi: \quad \mathbb{Z}[\theta] \to \mathbb{Z}/N\mathbb{Z}$$
$$\theta \mapsto m.$$

在算法的第二步, 我们希望筛出一个互素整数对的序列

$$(a_1, b_1), (a_2, b_2), \cdots, (a_k, b_k).$$

使得

$$\prod_{j=1}^{k}(a_j - b_j m) = A^2 \in \mathbb{Z},$$

$$\prod_{j=1}^{k}(a_j - b_j \theta) = \alpha^2 \in \mathbb{Z}[\theta]. \tag{7.6}$$

如果找到满足上面关系的 (a_j, b_j), 由于 $\Phi(a_j - b_j\theta) = a_j - b_j m \in \mathbb{Z}/N\mathbb{Z}$, 我们看到欲求的结果:

$$A^2 \equiv \Phi(\alpha^2) = \Phi(\alpha)^2 \pmod{N}.$$

这里关系 (7.6) 的第一个平方可以用类似于前面二次筛法的方法, 确定一个有理因子基 (例如不超过 B 的素数) $\mathcal{S}$, 找出那些关于 $\mathcal{S}$(或 B)-光滑的 $a - bm$, 然后求解一个 $\mathbb{F}_2$ 上的线性方程组来确定 $a_1 - b_1 m, a_2 - b_2 m, \cdots, a_k - b_k m$.

关系 (7.6) 中第二个平方的形成是数域筛法的核心, 也是个复杂的过程. 我们这里只能给出一个简化的讲解. 我们首先需要在 $\mathbb{Z}[\theta]$ 上定义并刻画光滑性. 一个代数因子基关联如下的整数对集合

$$\mathcal{T} = \{(p, r) \in \mathbb{Z} \times \mathbb{Z} : p \text{ 是素数}, f(r) \equiv 0 \pmod{p}\},$$

每个 $(p, r) \in \mathcal{T}$ 对应 $\mathbb{Z}[\theta]$ 的素理想

$$\langle p, \theta - r \rangle = p\mathbb{Z}[\theta] + (\theta - r)\mathbb{Z}[\theta].$$

在 $\mathbb{Z}[\theta]$ 中, 形如 $\langle a - b\theta \rangle$ 的理想关于上述素理想分解未必是唯一的 (在 K 中所有代数整数组成的环 $\mathcal{O}_K$ 是唯一的), 但这里不打算就如何应对这个问题展开讨论. 我们只考虑简化的情形 $\mathbb{Z}[\theta] = \mathcal{O}_K$. 我们来看理想 $\langle a - b\theta \rangle$ 怎样能够表成 (p, r) 所对应素理想之积.

记 $F(a, b) = b^d f\left(\dfrac{a}{b}\right)$[①]. 则有

- (p, r) 对应的素理想整除 $\langle a - b\theta \rangle \iff a \equiv br \pmod{p}$;

- 设 $U \subset \mathcal{T}$, 则

$$\langle a - b\theta \rangle = \prod_{(p_j, r) \in U} \langle p_j, \theta - r \rangle^{e_j} \iff F(a, b) = \prod_{(p_j, r) \in U} p_j^{e_j}.$$

所以理想 $\langle a - b\theta \rangle$ 是 $\mathcal{T}$-光滑的等价于其范 $F(a, b)$ 关于作为 $\mathcal{T}$ 中元素的第一个分量的素数集上完全分解. 所以我们可以筛选 (a, b) 使 $a - bm$ 和 $a - b\theta$ 同时是光滑的 (在各自的意义下).

在核验 $\prod_{j=1}^k (a_j - b_j\theta)$ 为一个平方时, 要求它关于代数因子基的分解中每个素理想的幂为偶数还是不够的. 还需要一个整数对 (q, s) 的集合 W, 其中 q 是素数, 不在双方的因子基中, 而对 s 的要求是

$$f(s) \equiv 0 \pmod{p}, \quad f'(s) \not\equiv 0 \pmod{p}.$$

---

① $F(a, b)$ 是元素 $a - b\theta$ 的范 $N_{K/\mathbb{Q}}(a - b\theta)$.

我们需要加上以下关于勒让德符号的条件: 对每个 $(q,s) \in W$,

$$\prod_{j=1}^{k} \left(\frac{a_j - b_j s}{q} \right) = 1.$$

数域筛法的表现优于二次筛法的地方在于, 二次筛法是在数列

$$(\lceil \sqrt{N} \rceil)^2 - N, (\lceil \sqrt{N} \rceil + 1)^2 - N, \cdots (\lceil \sqrt{N} \rceil + k)^2 - N$$

中找光滑数, 此间每个数的大小都在 $\sqrt{N}$ 的量级. 而数域筛法所要分解的数为

$$a_j - b_j m, \quad b_J^d f\left(\frac{a_j}{b_j} \right),$$

可以是远小于 $\sqrt{N}$.

数域筛法算法的计算复杂性是

$$L_N\left[\frac{1}{3}, c \right].$$

7.4 练习题

练习 7.1 给定正整数 N. 已知它是两个未知素数 p 和 q 的乘积且存在一个很小的正整数 k 使得

$$0 < p - q < k\sqrt[4]{N}.$$

证明通过不超过 k^2 步的计算, N 可以被分解.

练习 7.2 设正整数 N 是两个未知素数 p 和 q 的乘积. 定义序列

$$x_0 = 2, \quad x_{i+1} = x_i^2 + 1 \pmod{N}, \quad i = 1, 2, \cdots.$$

证明一定存在 $i \neq j$ 使得

$$x_i \equiv x_j \pmod{p}.$$

第 8 讲

离散对数解法

我们在第 3 讲中定义了有限循环群上的离散对数问题并介绍了 Pohlig-Hellman 算法. 由此知道, 求解一般的离散对数问题可以归结为求解素数阶群上的离散对数问题.

在密码学应用中, 有两类重要的群上的离散对数问题值得关注. 一类是有限域上的椭圆曲线的有理点群, 所对应的问题叫做椭圆曲线离散对数问题. 这类问题目前尚无特别的解法, 我们可以采用在 8.1 节讨论的针对一般离散对数问题的算法. 这些算法都是指数阶的. 第二类群是有限域 $\mathbb{F}_p$ 的循环子群. 对于这种情况, 第 7 讲中关于整数分解的一些思想和工具能够提供帮助, 可以设计更快的亚指数算法.

8.1 离散对数的一般解法

给定一个 n 阶循环群 $G = \langle g \rangle$, 以及一个元素 $h \in G$, 我们的任务是求出正整数 $x < n$ 适合

$$h = g^x. \tag{8.1}$$

我们也记所求得的 x 为 $\log_g h$.

我们先介绍 Shanks 发明的求解 x 的一个确定性算法, 它是著名的大步小步算法[34].

8.1.1 Shanks 的大步小步算法

大步小步算法的思想是来自这样的事实, 对任何 $x < n$, 一定存在整数 $0 \leqslant u, v < \lceil \sqrt{n} \rceil$, 使得

$$x = u\lceil \sqrt{n} \rceil + v.$$

因此寻求适合 (8.1) 的 x 等价于在更小的范围寻求 u, v 使

$$g^v = hg^{-u\lceil \sqrt{n} \rceil}.$$

下面是 Shanks 算法. 这个算法需要 $O(\sqrt{n})$ 存储空间, 时间复杂度为

$$O(\sqrt{n}\ln n).$$

算法 21 大步小步算法

输入: 群 G 的生成元 g, 阶 n 和群 G 的一个元素 h
输出: 正整数 $x < n$ 满足 $h = g^x$

1: **function** BSGS(g, n, h)
2:     计算 $m = \lceil \sqrt{n} \rceil$
3:     预计算
4:     **for** $j = 1$ to $m - 1$ **do**
5:         计算 g^j, 将 (g^j, j) 存入表 T 中
6:     **end for**
7:     对 T 按其第 1 个分量排序
8:     **for** $i = 1$ to $m - 1$ **do**
9:         计算 $t = h(g^{-m})^i$
10:         在 T 中搜索第 1 个分量等于 t 的项
11:         **if** $t = g^j$ **then**
12:             $x \leftarrow im + j$
13:             break
14:         **end if**
15:     **end for**
16:     **return** x
17: **end function**

对 T 进行排序需要 $O(\sqrt{n}\ln n)$ 时间, 每一步搜索有序序列 T 的时间是 $O(\ln n)$.

我们下面给出大步小步算法的一个变型, 其中涉及一些有趣的数论结果. 正如本讲开始所强调, 我们只需关心 n 是素数的情况. 我们先证明下面的 Vinogradov 的一个有些历史意义的引理 [35].

引理 8.1 设 n 是一个奇素数, $x < n$ 是一个正整数. 则对任何正整数 $k < n$, 存在整数 u, v 满足 $0 < u \leqslant k$, $0 < |v| \leqslant \dfrac{n}{k+1}$, 使得

$$xu \equiv v \pmod{n}.$$

证明 设 $r_0 = p, r_1, r_2, \cdots, r_k$ 分别为 $0, x, 2x, \cdots, kx$ 模 n 的最小正剩余. 将 $r_0, r_1, \cdots, r_k$ 从小到大重新排序

$$1 \leqslant r_{i_0} < r_{i_1} < \cdots < r_{i_k} = n,$$

并记与 r_{i_j} 同余的 x 的倍数为 $s_j x$, 所以 $s_0, s_1, \cdots, x_k$ 是 $0, 1, \cdots, k$ 的一个置换.

我们有

$$s_0 x \equiv r_{i_0} \pmod{n},$$

$$(s_1 - s_0)x \equiv r_{i_1} - r_{i_0} \pmod{n},$$

$$(s_2 - s_1)x \equiv r_{i_2} - r_{i_1} \pmod{n},$$

$$\cdots\cdots$$

$$(s_k - s_{k-1})x \equiv n - r_{i_{k-1}} \pmod{n},$$

$k+1$ 个正整数 $r_{i_0}, r_{i_1} - r_{i_0}, \cdots, p - r_{i_{k-1}}$ 之和是 n, 因此它们中至少有一个数是不超过 $\dfrac{n}{k+1}$ 的. 设 $r_{i_\alpha} - r_{i_{\alpha-1}} \leqslant \dfrac{n}{k+1}$, 则我们可以取

$$u = |s_\alpha - s_{\alpha-1}|, \quad v = \frac{s_\alpha - s_{\alpha-1}}{|s_\alpha - s_{\alpha-1}|}(r_{i_\alpha} - r_{i_{\alpha-1}}). \qquad \square$$

　　我们对这个结果及其证明做一些简短讨论. 注意到这里用到了正剩余, 使问题的处理变得明快. 回顾第 2 讲中秦九韶算法的简洁终止条件, 也是在正剩余的体系中得以保证的. 在上面的 Vinogradov 引理中, 如果我们取 $k = \lfloor \sqrt{n} \rfloor$, 则有对任何 $x < n$, 一定存在整数 u, v 满足 $0 \leqslant u, |v| \leqslant \sqrt{n}$, 使得

$$ux \equiv v \pmod{n}. \qquad (8.2)$$

于是寻求适合 (8.1) 的 x 等价于寻求 u, v 满足 $0 \leqslant u, |v| \leqslant \sqrt{n}$ 并且

$$h^v = g^u.$$

这是非常简洁的关系式. 由这个观察便产生了大步小步算法的新变型.

算法 22 大步小步变型算法

输入: 群 G 的生成元 g, 阶 n 和群 G 的一个元素 h

输出: 正整数 $x < n$ 满足 $h = g^x$

1: **function** ALTBSGS(g, n, h)

2:　　计算 $m = \lceil \sqrt{n} \rceil$

3:　　预计算

4:　　**for** $j = 1$ to $m - 1$ **do**

5:　　　　计算 g^j, 将 (g^j, j) 存入表 T 中

6:　　**end for**

7:　　对 T 按其第 1 个分量排序

```
8:      for i = -m - 1 to m - 1 do
9:          计算 t = h^i
10:         在 T 中搜索第 1 个分量等于 t 的项
11:         if t = g^j then
12:             x ← ji^{-1} (mod n)
13:             break
14:         end if
15:     end for
16:     return x
17: end function
```

这个算法可以免去对 $g^{-\lceil\sqrt{n}\rceil}$ 的计算, 但注意到它在第 8 行开始的循环启于负数, 需要更多的步骤. 对于有限域上椭圆曲线的有理点群, 这些额外的步骤可以省略, 因为计算一个点的负元是平凡的.

最后, 我们进一步就 (8.2) 给出一些讨论. 其实这里的 (u, v) 还可以用秦九韶的大衍求一术得到, 具体步骤是求格

$$L = \Lambda(x, n)$$

的最短向量. 根据 Minkowski 定理 (见文献 [1], 第 608 页), 这个最短向量的长度小于 $\sqrt{\dfrac{4(n + o(1))}{\pi}} \approx 1.13\sqrt{n}$. 由于短向量的平衡性, $u, |v|$ 的期望值约等于 $0.8\sqrt{n}$. 因此, 算法 22 可望提早走出循环 8.

8.1.2 Pollard 算法

8.1.1 小节的算法不但时间是指数的 ($O(2^{\frac{\log_2 n}{2}})$), 所需的存储空间也同样是指数的. Pollard 在文献 [36] 中提出的一种方法, 不再对存储空间有所要求. 这个被叫做 Pollard Rho 方法的算法实际上是随机算法, 用它可以在 $O(\sqrt{n})$ 时间内计算离散对数 (n 是我们讨论的循环群 G 的阶), 所需空间可以忽略.

Pollard Rho 方法的思想是在群 G 构造一个随机序列 $\{x_i\}$. 因为 G 是有限群, 这个序列逐渐进入周期状态进而可以被描画成 ρ 形状 (图 8.1).

这样的序列通常由一个随机映射

$$\phi : G \to G$$

和 G 中的一个初始点 $x_0 \in G$ 来构造:

$$x_i = \phi(x_{i-1}), \quad i = 1, 2, \cdots.$$

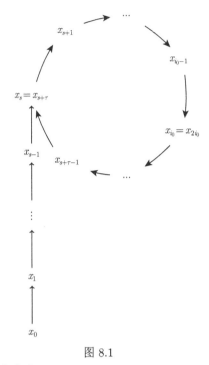

图 8.1

当下标增大时, 序列 $\{x_i\}$ 必有重复项. 假设 $x_0, x_1, \cdots, x_{s-1}$ 两两不同, 但存在 r 使 $x_s = x_{s+r}$. 我们令

$$\tau = \min\{r > 0 : x_s = x_{s+r}\}.$$

τ 被称为序列的周期. Pollard Rho 方法需要借助序列中的碰撞来解离散对数问题. 如果可以确定 s, τ, 便能得到碰撞 $x_s = x_{s+\tau}$. 但这需要存储 $x_0, x_1, \cdots, x_{s+\tau}$ 以进行比较, 也是 Pollard Rho 方法所要避免的. 一个不需要存储先期序列中元素却可以找到碰撞的方法是这样设计的: 我们另外依下面方式构造一个序列 $\{y_i\}$, 令 $y_0 = x_0$,

$$y_i = \phi(\phi(y_{i-1})), \quad i = 1, 2, \cdots.$$

所以, $y_i = x_{2i}$. 如果我们确信在某一步会有

$$x_{2i_0} = x_{i_0},$$

那么只需不断生成 (x_i, y_i), 直到观察到两个分量相等为主, 无需存储前面诸项.

为此, 我们将证明下面命题.

命题 8.1 沿用上面的符号, 我们有

(1) 存在 $s \leqslant i < s + \tau$, 使得

$$x_{2i} = x_i;$$

(2) 对于随机映射 ϕ, $s + \tau$ 的期望值是

$$\mathrm{Exp}(s + \tau) \approx \sqrt{\frac{\pi n}{2}}.$$

证明 我们先证 (1). 注意到

$$x_s = x_{s+\tau}, x_{s+1} = x_{s+\tau+1}, \cdots, x_{s+\tau-1} = x_{s+2\tau-1}, \cdots,$$

所以当 $j \geqslant s$ 时,

$$x_j = x_{j+\tau} = x_{j+2\tau} = \cdots,$$

τ 个连续整数 $s, s+1, \cdots, s+\tau-1$ 必定有一个被 τ 整除, 设有某个 $0 \leqslant j_0 \leqslant \tau-1$ 和正整数 ℓ 使

$$s + j_0 = \ell \tau.$$

记 $s + j_0 = i$, 则 $s \leqslant i < s+\tau$, 且

$$x_{2i} = x_{i+\ell\tau} = x_i.$$

下面证 (2). 我们先计算序列的前 k 项 $x_0, x_1, \cdots, x_{k-1}$ 都不相同的概率 P_k. 当互异的 $x_0, x_1, \cdots, x_{i-1}$ 已经生成, 再产生与它们都不相同的 x_i 的概率是 $\dfrac{n-(i-1)}{n}$, 因此

$$P_1(k) = \prod_{i=1}^{k-1} \frac{n-(i-1)}{n} = \prod_{i=1}^{k-1} \left(1 - \frac{(i-1)}{n}\right).$$

我们所讨论的群的阶足够大, 所以 $(i-1)/n$ 充分小. 在这种情况下, 为了简化计算我们利用估计式 $1 - \varepsilon \sim \mathrm{e}^{-\varepsilon}$ 得到

$$P_1(k) \approx \prod_{i=1}^{k-1} \mathrm{e}^{\frac{(i-1)}{n}} \approx \mathrm{e}^{-\frac{k^2}{2n}}.$$

在 $x_0, x_1, \cdots, x_{k-1}$ 都不相同的条件下, 接下来一项 x_k 与前面某项碰撞的概率是

$$P_2(k) = \frac{k}{n}.$$

进而在 x_k 处首次发生碰撞的概率是

$$P(k) = P_2(k)P_1(k) = \frac{k}{n} \prod_{i=1}^{k-1} \left(1 - \frac{(i-1)}{n}\right) \approx \frac{k}{n} \mathrm{e}^{-\frac{k^2}{2n}}.$$

这是第一个碰撞发生 (在第 $k = s + \tau$ 项) 的概率. 于是它的期望是

$$\begin{aligned}
\mathrm{Exp}(s+\tau) &= \sum_{k=1}^{\infty} kP(k) \approx \sum_{k=1}^{\infty} \frac{k^2}{n} \mathrm{e}^{-\frac{k^2}{2n}} \\
&= \sqrt{n} \sum_{k=1}^{\infty} \left(\frac{k}{\sqrt{n}}\right)^2 \mathrm{e}^{-\frac{1}{2}\left(\frac{k}{\sqrt{n}}\right)^2} \frac{1}{\sqrt{n}} \\
&\approx \sqrt{n} \int_0^{\infty} t^2 \mathrm{e}^{-\frac{1}{2}t^2} \mathrm{d}t = \sqrt{\frac{\pi n}{2}}. \qquad \square
\end{aligned}$$

为了求解离散对数问题 (8.1)(即求 $x = \log_g h$), 需要根据群的性质来构造随机函数 ϕ. 为此我们将 G 划分成三个 (大小相当的) 子集 S_1, S_2, S_3, 然后定义 ϕ 如下:

$$x_{i+1} = \phi(x_i) = \begin{cases} hx_i, & \text{如果 } x_i \in S_1, \\ x_i^2, & \text{如果 } x_i \in S_2, \\ gx_i, & \text{如果 } x_i \in S_3. \end{cases}$$

例如, 对于素域上的离散对数问题, $G = \mathbb{F}_p^*$, 我们可令 $S_1 = \left\{ x \in \mathbb{Z} : 1 \leqslant x < \dfrac{p}{3} \right\}$, $S_2 = \left\{ x \in \mathbb{Z} : \dfrac{p}{3} \leqslant x < \dfrac{2p}{3} \right\}$, $S_3 = \left\{ x \in \mathbb{Z} : \dfrac{2p}{3} \leqslant x < p \right\}$.

在随机序列 $\{x_i\}(\{y_i\})$ 的生成过程中, 我们还为每个 x_i 带上两份附加信息构成下面的数据

$$(x_i, a_i, b_i) \in G \times \mathbb{Z} \times \mathbb{Z},$$

其中 $(x_0, a_0, b_0) = (1, 0, 0)$, 而 a_i, b_i 被递归定义为

$$a_{i+1} = \begin{cases} a_i, & \text{如果 } a_i \in S_1, \\ 2a_i \pmod{n}, & \text{如果 } a_i \in S_2, \\ a_i + 1 \pmod{n}, & \text{如果 } a_i \in S_3; \end{cases}$$

$$b_{i+1} = \begin{cases} b_i + 1 \pmod{n}, & \text{如果 } b_i \in S_1, \\ 2b_i, & \text{如果 } b_i \in S_2, \\ b_i, & \text{如果 } b_i \in S_3. \end{cases}$$

注意到

$$\log_g x_0 = \log_g 1 = 0 = a_0 + b_0 \log_g h,$$

利用数学归纳法, 我们可以核验这两个附加序列 $\{a_i\}$ 和 $\{b_i\}$ 满足

$$\log_g x_i = a_i + b_i \log_g h. \tag{8.3}$$

由命题 8.1, 我们连续生成 $\begin{aligned} & x_1, x_2, \cdots, x_i, \cdots, \\ & y_1, y_2, \cdots, y_i, \cdots, \end{aligned}$ 对每个 i 检查 $x_i \overset{?}{=} y_i$ 经过 $O(\sqrt{n})$ 步后, 必有 i_0 使

$$x_{i_0} = y_{i_0} = x_{2i_0}.$$

两端同时计算离散对数并应用 (8.3), 得到

$$a_{i_0} + b_{i_0} \log_g h = a_{2i_0} + b_{2i_0} \log_g h.$$

当 n 充分大时, $\gcd(b_{i_0} - b_{2i_0}, n) = 1$ 以高概率成立, 特别是我们关心的 n 为素数的情形. 此时我们得到了离散对数问题 (8.1) 的解答:

$$x = \log_g h = (a_{2i_0} - a_{i_0})(b_{i_0} - b_{2i_0})^{-1} \pmod{n}.$$

8.2 指标计算方法

8.1 节介绍的方法适用于一般的有限循环群. 对于有限域的乘法子群, 存在一类更有效的方法, 包括指标计算方法、离散对数的数域筛法和函数域筛法. 我们讨论指标计算方法, 是它导引出了后续算法.

指标计算方法用于求解 $\mathbb{F}_p^*$ 中的离散对数问题, 其中 p 是素数. 同我们在第 7 讲讨论的几个整数分解方法类似, 光滑数的概念也在这个算法中得到了应用.

我们在这里继续用 $(\bmod\ p)$ 符号. 我们还固定 g 为模 p 的一个原根. 所以此间的离散对数问题是求解

$$g^x = h \pmod{p}. \tag{8.4}$$

对于一个正整数 B, 我们曾定义过一个因子基

$$\mathcal{S}_B = \{p \leqslant B | p\ 是素数\}.$$

我们现在并不直接求解 (8.4), 而是对每个 $p_j \in \mathcal{S}_B$ 求解方程

$$g^x = p_j \pmod{p}.$$

假如已经计算出

$$\log_g p_1, \log_g p_2, \cdots, \log_g p_{\pi(B)},$$

我们在序列 $hg^{-1}, hg^{-2}, \cdots$ 中寻找 B-光滑数. 如果 hg^{-k} 是光滑的, 即

$$hg^{-k} = \prod_{i=1}^{\pi(B)} p_i^{e_{ik}},$$

则可计算出 h 的离散对数

$$\log_g h \equiv k + \sum_{i=1}^{\pi(B)} e_{ik} \log_g p_i \pmod{p-1}.$$

所以我们的任务变成计算小素数的离散对数

$$\log_g p_1, \log_g p_2, \cdots, \log_g p_{\pi(B)}.$$

我们持续随机选取 $x \in \mathbb{Z}_{p-1}$, 直到 $g^x \pmod p$ 为 B-光滑数, 记为 x_1. 然后以同样方式找到 $x_2, x_3, \cdots, x_\ell$, 使每个 $g^{x_j} \pmod p$ 都是 B-光滑数. 令

$$g^{x_1} \equiv \prod_{i=1}^{\pi(B)} p_i^{t_{1i}} \pmod p,$$

$$g^{x_2} \equiv \prod_{i=1}^{\pi(B)} p_i^{t_{2i}} \pmod p,$$

$$\cdots\cdots$$

$$g^{x_\ell} \equiv \prod_{i=1}^{\pi(B)} p_i^{t_{\ell i}} \pmod p,$$

则有

$$x_1 \equiv \sum_{i=1}^{\pi(B)} t_{1i} \log_g p_i \pmod{p-1},$$

$$x_2 \equiv \sum_{i=1}^{\pi(B)} t_{2i} \log_g p_i \pmod{p-1}, \tag{8.5}$$

$$\cdots\cdots$$

$$x_\ell \equiv \sum_{i=1}^{\pi(B)} t_{\ell i} \log_g p_i \pmod{p-1},$$

这是一个 $\mathbb{Z}_{p-1}$ 上的线性方程组, x_j, t_{ji} 都是已知量, 需要解出未知的

$$\log_g p_1, \log_g p_2, \cdots, \log_g p_{\pi(B)}.$$

当 $\ell \geqslant \pi(B)$, 在方程 (8.5) 是完整意义下可解的情况下, 应用线性代数的方法求解. 这里的方程是在模 $p-1$ 的情形下进行求解的, 其过程有些复杂.

如果 $p-1$ 的素因子分解已知

$$p - 1 = \prod_{j=1}^{h} q_j^{\alpha_j},$$

则可以对每个 j 求解

$$x_1 \equiv \sum_{i=1}^{\pi(B)} t_{1i} \log_g p_i \pmod{q_j^{\alpha_j}},$$

$$\cdots\cdots$$

$$x_\ell \equiv \sum_{i=1}^{\pi(B)} t_{\ell i} \log_g p_i \pmod{q_j^{\alpha_j}},$$

得到

$$\log_g p_1 \pmod{q_j^{\alpha_j}}, \ \log_g p_2 \pmod{q_j^{\alpha_j}}, \ \cdots, \ \log_g p_{\pi(B)} \pmod{q_j^{\alpha_j}},$$

然后用中国剩余定理得到

$$\log_g p_1 \pmod{p-1}, \ \log_g p_2 \pmod{p-1}, \ \cdots, \ \log_g p_{\pi(B)} \pmod{p-1}.$$

特别当 $\alpha_j = 1$ 时, 方程组可以在域上解得.

数域方法对有限域上离散对数问题更为有效, 对于 q 元域, 其时间为

$$L_q\left[\frac{1}{3}; \left(\frac{8}{3}\right)^{\frac{2}{3}} + o(1)\right].$$

第 9 讲

整数的特殊表示及应用

我们讨论整数时, 根据问题的需要经常把整数表示成 d 进制 (例如 d 等于 2 或 10, 或者 16), 也可以确定一个两两互素的模数集合, 对整数进行中国剩余表示. 由于计算需求的不断增长, 出现了一些非常规的整数表示. 本讲介绍两种在基本的椭圆曲线算术计算中十分有效的整数表示. 这些表示对其他的计算问题也有应用或潜在的应用.

9.1 代数数基进制下的稀疏表示

在椭圆曲线密码学发展过程中, 二元域上的科比利茨 (Koblitz) 曲线起过重要的作用. 对于这类曲线, 数域

$$\mathbb{Q}(\tau) = \{r_1 + r_2\tau : r_1, r_2 \in \mathbb{Q}\}$$

和其代数整数环

$$\mathbb{Z}(\tau) = \{a + b\tau : a, b \in \mathbb{Z}\}$$

为标量乘 (即点群的幂运算) 的加速提供了恰当的数学工具, 其中 τ 是

$$x^2 - \mu x + 2 = 0$$

的一个根, 这里 μ 是 1 或 -1. 我们通常取定

$$\tau = \frac{\mu + \sqrt{-7}}{2}. \tag{9.1}$$

$\mathbb{Q}(\tau)$ 中元素 $r_1 + r_2\tau$ 的范是

$$N(r_1 + r_2\tau) = (r_1 + r_2\tau)(r_1 + r_2\overline{\tau}) = r_1^2 + \mu r_1 r_2 + 2r_2^2.$$

于是

$$N(\tau) = 2, \quad N(\tau - 1) = 3 - \mu.$$

关于元素 $\rho \in \mathbb{Z}[\tau]$ 的 τ 进制展开, 实践中关心的有下面的两种稀疏表达形式:

(1) $\rho = \sum_{j=0}^t c_j \tau^j$, 其中系数 $c_j \in \{-1, 0, 1\}, c_{j+1}c_j = 0$;

(2) $\rho = \sum_{j=0}^{t} c_j \tau^j$, 这里 c_j 属于一个适当的系数集, 并且选定一个正整数 w, 使得连续 w 个系数 $c_j, c_{j+1}, \cdots, c_{j+w-1}$ 中至多含一个非零元.

我们更关心下面形式的数 $\rho \in \mathbb{Z}[\tau]$ 的 τ 进制展开:

$$\rho = (a + b\tau)\left(\mathrm{mod}\,\frac{\tau^m - 1}{\tau - 1}\right) = (a + b\tau) \pmod{\delta}.$$

其中

$$\delta = \frac{\tau^m - 1}{\tau - 1}, \tag{9.2}$$

m 是一个固定的正整数.

在算法上, 这样的展开需要一些基本的条件, 例如要求环 $\mathbb{Z}[\tau]$ 为一个欧氏环, 要求环 $\mathbb{Z}[\tau]$ 中含有有限个单位. 这些要求在二次欧氏虚域 $\mathbb{Q}(\sqrt{-1}), \mathbb{Q}(\sqrt{-2}),$ $\mathbb{Q}(\sqrt{-3}), \mathbb{Q}(\sqrt{-7}), \mathbb{Q}(\sqrt{-11})$ 的整数环上都能得到满足. 我们对 $\mathbb{Z}[\tau]$ 的处理也可以移植到其他几个环.

9.1.1　$\mathbb{Z}[\tau]$ 的欧氏性质和 τ 幂的整除判别法

我们现在证明关于上面定义的范 $N(\cdot)$, $\mathbb{Z}[\tau]$ 是一个欧氏环. 首先显然有性质 $N(\alpha\beta) = N(\alpha)N(\beta)$. 下边的命题把余数的范估计得更精确.

命题 9.1　设 $\alpha, \beta \in \mathbb{Z}[\tau]$, $\beta \neq 0$, 则存在 $\eta, \gamma \in \mathbb{Z}[\tau]$ 使

$$\alpha = \rho\beta + \gamma,$$

且

$$N(\gamma) \leqslant \frac{4}{7} N(\beta).$$

证明　在这个证明中, 我们利用 Voronoi 胞腔. 令

$$U = \left\{ x + y\tau : x, y \in \mathbb{R}, \ \begin{array}{l} -1 \leqslant 2x + \mu y < 1, -2 \leqslant x + 4\mu y < 2 \\ -2 \leqslant x - 3\mu y < 2 \end{array} \right\}.$$

我们看到, U 是一个平行六边形, 其顶点的坐标为

$$\left(-\frac{5}{7}, \frac{3}{7\mu}\right), \quad \left(-\frac{2}{7}, \frac{4}{7\mu}\right), \quad \left(\frac{2}{7}, \frac{3}{7\mu}\right), \quad \left(\frac{5}{7}, -\frac{3}{7\mu}\right), \quad \left(\frac{2}{7}, -\frac{4}{7\mu}\right), \quad \left(-\frac{2}{7}, \frac{-3}{7\mu}\right).$$

这些顶点都在椭圆

$$x^2 + \mu xy + 2y^2 = \frac{4}{7}$$

上, 因此 U 的内部的点 $x + y\tau$ 都满足

$$N(x + y\tau) < \frac{4}{7}.$$

另外, U 的内部的点 $x + y\tau$ 都满足: 对任意 $\rho \in \mathbb{Z}[\tau] \setminus \{0\}$,

$$N(x + y\tau) < N(x + y\tau + \rho).$$

事实上, 简单计算可以验证

$$N(x + y\tau) < N(x + y\tau \pm 1) \iff |2x + \mu y| < 1,$$

$$N(x + y\tau) < N(x + y\tau \pm \tau) \iff |x + 4\mu y| < 2,$$

$$N(x + y\tau) < N(x + y\tau \pm \overline{\tau}) \iff |x - 3\mu y| < 2.$$

对于其他的 $\rho \in \mathbb{Z}[\tau] \setminus \{0\}$, $N(\rho) \geqslant 4$, 而 $N(x + y\tau) < \dfrac{4}{7}$, 故

$$\sqrt{N(x + y\tau + \rho)} \geqslant \sqrt{N(\rho)} - \sqrt{N(x + y\tau)} \geqslant \sqrt{N(x + y\tau)}.$$

对于 $\rho \in \mathbb{Z}[\tau]$, 记 $U(\rho) = \rho + U$, 那么上面的推断说明

$$U(\rho) = \{x + y\tau : x, y \in \mathbb{R}, \text{ 且对任意的 } \rho' \in \mathbb{Z}[\tau], \ |x + y\tau - \rho| \leqslant |x + y\tau - \rho'|\},$$

且有无交并

$$\mathbb{C} = \bigcup_{\rho \in \mathbb{Z}[\tau]} U(\rho).$$

在 $\mathbb{C}$ 中, 设 $\rho_0 = \dfrac{\alpha}{\beta}$, 则 $\rho_0 \in \mathbb{Q}(\tau) \subset \mathbb{C}$. 所以存在 $\rho \in \mathbb{Z}[\tau]$ 使

$$\rho_0 \in U(\rho).$$

这说明存在 $x + y\tau \in U$, 使得 $\dfrac{\alpha}{\beta} = \rho_0 = \rho + x + y\tau$, 于是

$$\alpha = \rho\beta + \gamma,$$

其中 $\gamma = \beta(x + y\tau) \in \mathbb{Z}[\tau]$. 进一步

$$N(\gamma) = N(\beta)N(x + y\tau) \leqslant \frac{4}{7}N(\beta). \qquad \square$$

与常规的进制展开类似, 在这里我们也希望对有一个容易判断 $a + b\tau$ 是否可以被 τ 的幂整除的方法. 对于环 $\mathbb{Z}\left[\dfrac{1 + \sqrt{-7}}{2}\right], \mathbb{Z}\left[\dfrac{1 + \sqrt{-11}}{2}\right]$, 代数数的 p-adic 逼近为此提供了方向和工具.

我们考虑一个一般的结论. 设 p 为一个有理奇素数, 并设整数 m 与 p 互素. 我们来看二次多项式

$$f(x) = x^2 + mx + p.$$

现设 $a_0 = 0$, 则 $f(a_0) \equiv 0 \pmod{p}, f'(a_0) \not\equiv 0 \pmod{p}$. 我们描述一个叫做 Hensel 方法的有用工具. 使用这个方法可以找出一列整数 $a_1, a_2, \cdots, a_{k-1}(0 \leqslant a_j < p, j = 1, 2, \cdots, k - 1)$, 使得整数

$$t_k = a_0 + a_1 p + a_2 p^2 + \cdots + a_{k-1} p^{k-1},$$

满足

$$f(t_k) \equiv 0 \pmod{p^k}. \tag{9.3}$$

t_k 是 $f(x)$ 的一个零点的 k 次 p-adic 逼近 $f(x)$.

这个方法是递归进行的, 从 $a_0 = 0$ 开始. 假如已求得 $a_0, a_1, \cdots, a_{k-2}$, 所以 t_{k-1} 也已知. 下一步的 a_{k-1} 需满足关系 (见文献 [37])

$$a_{k-1} m + \frac{f(t_{k-1})}{p^{k-1}} \equiv 0 \pmod{p}. \tag{9.4}$$

由于 $p | t_{k-1}$ (因为 $a_0 = 0$), (9.4) 等价于

$$(m + t_{k-1})(t_{k-1} + a_{k-1} p^{k-1}) + p \equiv 0 \pmod{p^k}.$$

由此可得 t_k (也可得 a_k)

$$t_k \equiv -(m + t_{k-1})^{-1} p \pmod{p^k}. \tag{9.5}$$

有了这个准备, 我们就可以陈述并证明下面的定理.

定理 9.1 设 p 为一个有理奇素数, 有理整数 m 与 p 互素. 设 α 为二次方程

$$x^2 + mx + p = 0$$

的一个根. 则对任意正整数 k,

$$\alpha^k | (a + b\alpha) \text{ 在 } \mathbb{Z}[\alpha] \text{ 中成立} \iff a + b t_k \equiv 0 \pmod{p^k}.$$

证明　我们用归纳法来证明. 对于 $k = 1$, 结论显然成立, 即

$$\alpha | (a + b\alpha) \text{ 在 } \mathbb{Z}[\alpha] \text{ 中成立 } \iff p | a.$$

对于 $k > 1$, 假定欲证的结论对于小于 k 的整数成立. 我们只需考虑 $p | a$ 的情况. 注意到

$$\frac{a + b\alpha}{\alpha} = \left(b - \frac{ma}{p}\right) + \left(-\frac{a}{p}\right)\alpha.$$

我们可得

$$\alpha^k | (a + b\alpha) \iff \alpha^{k-1} \left| \left[\left(b - \frac{ma}{p}\right) + \left(-\frac{a}{p}\right)\right]\alpha \right.$$

$$\iff b - \frac{ma}{p} - \frac{a}{p}t_{k-1} \equiv 0 \pmod{p^{k-1}}$$

$$\iff bp - am - at_{k-1} \equiv 0 \pmod{p^k}$$

$$\iff a + b(m + t_{k-1})^{-1}(-p) \equiv 0 \pmod{p^k}$$

$$\iff a + bt_k \equiv 0 \pmod{p^k}. \qquad \square$$

回到情形 $\tau = \dfrac{\mu + \sqrt{-7}}{2}$ 及其对应的二次多项式 $f(x) = x^2 - \mu x + 2$, 我们看到下面的算法可以计算 t_j, $j = 2, 3, \cdots, k$.

算法 23 τ 的前 k 次 2-adic 逼近

输入: 正整数 $k > 1$

输出: $t_2, \cdots, t_k$

1: **function** TWO-ADIC(k)
2: 　　$t_1 \leftarrow 0$
3: 　　**for** $j \leftarrow 0, 1, \cdots, k - 1$ **do**
4: 　　　　$a_j \leftarrow \dfrac{f(t_j)}{2^j}\mu \pmod{2}$
5: 　　　　$t_{j+1} \leftarrow t_j + a_j 2^j$
6: 　　**end for**
7: 　　**return** $t_2, \cdots, t_k$
8: **end function**

例如, 我们可以得到

t_2	t_3	t_4	t_5	t_6	t_7	t_8	t_9	$\cdots$
2μ	6μ	6μ	6μ	38μ	38μ	166μ	422μ	$\cdots$

我们就 τ 对定理 9.1 给出一个直观的解释. 设 $\sum_{j=1}^{\infty} a_j 2^j$ 为 τ 的 2-adic 表示, 则 $t_k = \sum_{j=1}^{k-1} a_j 2^j$. 所以形式上有 $2|\tau, 2^k|(\tau - t_k)$. 注意到 $a + bt_k = a + b\tau - b(\tau - t_k)$, 由此易见

$$\tau^k|(a + b\tau) \in \mathbb{Z}[\tau] \iff 2^k|(a + bt_k).$$

最后我们讨论一下 τ^k 在 $\mathbb{Z}[\tau]$ 中的表示. 设

$$\tau^k = P_k + Q_k\tau \in \mathbb{Z}[\tau].$$

由 $\tau^2 = \mu\tau - 2$ 我们易得 $P_1 = 0, Q_1 = 1; P_2 = -2, Q_2 = \mu$, 且对于一般的 k, 有递归公式

$$P_k = -2Q_{k-1}, \quad Q_k = P_{k-1} + \mu Q_{k-1}.$$

另外, 由 $2^m = P_m^2 + \mu P_m Q_m + 2Q_m^2$, 我们知道

$$P_m, Q_m = O(2^{\frac{m}{2}}).$$

9.1.2 $\mathbb{Z}[\tau]$ 中元素的稀疏 τ 进制展开

固定一个正整数 w, 考虑 $\rho \in \mathbb{Z}[\tau]$ 的如下表达式:

$$\rho = \sum_{j=0}^{t} c_j\tau^j = \underbrace{c_{k_0}\tau^{k_0} + c_{k_1}}_{k_1-k_0 \geqslant w}\underbrace{\tau^{k_1} + c_{k_2}}_{k_2-k_1 \geqslant w}\tau^{k_2} + \cdots + \underbrace{c_{k_{s-1}}\tau^{k_{s-1}} + c_{k_s}}_{k_s-k_{s-1} \geqslant w}\tau^{k_s}, \tag{9.6}$$

其中 $k_0 \geqslant 0$. 我们称这样的表示式为 $w - \tau$ 稀疏展式. 首先需要确定一个合适的系数集, 以保证上面的表达式可以算法导出, 并且表法唯一.

我们现在初等地证明下述命题.

命题 9.2 $\mathbb{Z}[\tau]$ 模 τ^w 恰有个同余类, 每个同余类包含 $0, 1, \cdots, 2^w - 1$ 中恰好一个元素. 进一步, $a + b\tau \in \mathbb{Z}[\tau]$ 模 τ^w 与某个小于 2^w 的奇数同余的充要条件是 a 为奇数.

证明 我们用归纳法来证明对于任意 $a + b\tau \in \mathbb{Z}[\tau]$, 必存在 $0 \leqslant r < 2^w$, 使得

$$a + b\tau \equiv r \pmod{\tau^w}$$ 并且 r 是奇数当且仅当 a 是奇数.

当 $w = 1$ 时, 如果 $a = 2a'$ 是偶数, 则

$$a + b\tau = 2a' + b\tau = \tau a'((\mu - \tau) + b) \equiv 0 \pmod{\tau}.$$

如果 a 是奇数, 则

$$a + b\tau = 1 + ((a-1) + b\tau) \equiv 1 + 0 = 1 \pmod{\tau}.$$

假定结论对于模 τ^{w-1} 成立.

由归纳假设, 存在 $0 \leqslant r' < 2^{w-1}$ 满足

$$a + b\tau \equiv r' \pmod{\tau^{w-1}}.$$

根据定理 9.1, 我们有

$$a + bt_{w-1} \equiv r' \pmod{2^{w-1}}.$$

回顾 $t_w = \sum_{j=1}^{w-1} a_j 2^j = t_{w-1} + a_{w-1}2^{w-1}$, 令

$$d = \left(\frac{a + bt_{w-1} - r'}{2^{w-1}} + ba_{w-1} \right) \pmod{2}, \quad r = d2^{w-1} + r'$$

则 $d2^{w-1} \equiv \left(\dfrac{a + bt_{w-1} - r'}{2^{w-1}} + ba_{w-1} \right) 2^{w-1} \pmod{2^w}$, 因此

$$a + bt_w - r = a + bt_{w-1} + ba_{w-1}2^{w-1} - d2^{w-1} - r'$$

$$\equiv a + bt_{w-1} + ba_{w-1}2^{w-1} - \left(\frac{a+bt_{w-1}-r'}{2^{w-1}} + ba_{w-1} \right) 2^{w-1} - r' \pmod{2^w}$$

$$\equiv 0 \pmod{2^w}.$$

即 $a + bt_w \equiv r \pmod{2^w}$. 再由定理 9.1, 我们得到

$$a + b\tau \equiv r \pmod{\tau^w}.$$

显然 $0 \leqslant r < 2^w$, 且 r 与 r' 同奇偶, 进而与 a 同奇偶.

下来我们说明对 $0 \leqslant i, j < 2^w$, $i \neq j$, 有 $i \not\equiv j \pmod{\tau^w}$. 事实上,

$$i \equiv j \pmod{\tau^w} \iff 2^w | (i-j)t_w,$$

但因 $t_w = a_1 2 + a_2 4 + \cdots, a_2 = \mu$, 我们必有 $i = j$. $\qquad\square$

从上面证明可知, $\rho = a + b\tau$ 中 a 是偶数当且仅当 $\tau | \rho$. 为导出 (9.6), 我们先将 ρ 写成 $\rho = \tau^{k_0}(a + b\tau)$, 其中 a 是奇数. 然后计算

$$c_{k_0} = (a + b\tau) \pmod{\tau^w}.$$

由命题 9.2, 这里的 c_{k_0} 同余于一个小于 2^w 的奇数. 这里问题的复杂之处在于它可以有多种取法, 我们后来将定义一个可行的并且有效率的选取机制.

接下来, 对 $a' + b'\tau = \dfrac{(a+b\tau) - c_{k_0}}{\tau^w}$ 重复上述过程, 得到 c_{k_1}. 以此下去, 求得 $c_{k_2}, c_{k_3}, \cdots$.

我们只需在每个奇数 $k = 1, 3, \cdots, 2^{w-1} - 1$ 的同余类里固定一个元素加入到系数集合. 再把这些数的负值也列为系数, 但不必放在系数集合里, 它们对应奇数 $k = -1, -3, \cdots, -2^{w-1} + 1$ 所在的同余类. 由于 $\mathbb{Z}[\tau]$ 是欧氏环, 我们自然要求这些系数满足 $N(c_{k_2}) < N(\tau^w) = 2^w$. 为此, 对每个奇数 $k = 1, 3, \cdots, 2^{w-1} - 1$, 令

$$C_k = \{\alpha \in \mathbb{Z}[\tau] : \alpha \equiv k \pmod{\tau^w}, \text{ 并且 } N(\alpha) < 2^w\}.$$

令 $\alpha_1 = 1$, 并任选一个 $\alpha_k \in C_k$, $k = 3, 5, \cdots, 2^{w-1} - 1$, 形成系数集合

$$C = \{\alpha_j = g_j + h_j\tau : j = 1, 3, \cdots, 2^{w-1} - 1\}.$$

关于固定的 C, $\mathbb{Z}[\tau]$ 中每个元素都有唯一的 $w - \tau$ 稀疏展式. 下面是关于 $\rho \in \mathbb{Z}[\tau]$ 的 $w - \tau$ 稀疏展式的具体算法.

算法 24 $w - \tau$ 稀疏展式

输入: $\rho = a + b\tau \in \mathbb{Z}[\tau]$, 2-adic 逼近 t_w, 系数集合 C

输出: ρ 的 $w - \tau$ 稀疏展式系数排列

1: **function** WTAU(k)
2:     $\mathcal{S} \leftarrow \langle \rangle$
3:     **while** $a \neq 0$ 或 $b \neq 0$ **do**
4:         **if** b 是奇数 **then**
5:             $u \leftarrow a + bt_w \pmod{2^w}$
6:             **if** $u < 2^{w-1}$ **then**
7:                 $\xi \leftarrow 1$
8:             **else**
9:                 $\xi \leftarrow -1$
10:                 $u \leftarrow 2^w - u$
11:             **end if**
12:             $a \leftarrow a - \xi g_u$
13:             $b \leftarrow b - \xi h_u$
14:             将 ξc_u 放入 $\mathcal{S}$ 的左端
15:         **else**
16:             将 0 放入 $\mathcal{S}$ 的左端
17:         **end if**
18:         $(a, b) \leftarrow \left(b + \mu \left\lfloor \frac{a}{2} \right\rfloor, -\left\lfloor \frac{a}{2} \right\rfloor\right)$
19:     **end while**
20:     **return** $\mathcal{S}$
21: **end function**

在实际中, 我们需要有理整数数 $n \in \mathbb{Z}[\tau]$ 在归约的情况下的 $w - \tau$ 稀疏展式:

$$\rho \equiv n \pmod{\delta}.$$

这里的 δ 由 (9.2) 给出, 即 $\delta = \dfrac{\tau^m - 1}{\tau - 1}$. 设

$$\delta = A + B\tau.$$

由于 $\tau^m = P_m + Q_m\tau$, 我们看到 $A = \dfrac{(\mu - 1)P_m + 2Q_m - 2}{\mu - 3}$, $B = \dfrac{P_m + Q_m - 1}{\mu - 3}$,

所以 $A, B = O(2^{\frac{m}{2}})$. 给定 n, 我们可以用 Voronoi 胞腔导出系数较小的 ρ. 下面方法也产生一个不影响 n 的 $w - \tau$ 稀疏展开效率的 $\rho = r_0 + r_1\tau$. 具体过程如下:

(1) 计算

$$q_0 = \left[\frac{(A + \mu B)n}{N(\delta)}\right], \quad q_1 = \left[\frac{-Bn}{N(\delta)}\right].$$

(2) 取

$$r_0 + r_1\tau = n - (q_0 + q_1\tau)\delta = (n - q_0 A + 2q_1 B) - (q_0 B + q_1(A + \mu B))\tau.$$

可以推断对于 $n < N(\delta)$, 以大概率 $r_0, r_2 = O(2^{\frac{m}{2}})$.

我们最后给出一个例子, 说明在确定系数 c_k 时, 不仅需要 $c_k \equiv k \pmod{\tau^w}$, 条件 $N(c_k) < N(\tau^w) = 2^w$ 也是不可缺少的.

例子 9.1   设 $w = 3$ 且 $\mu = 1$. 我们选取 $\alpha_1 = 1, \alpha_3 = -3 + \tau$. 注意到此时

$$N(-3 + \tau) = 8 = 2^w$$

不满足要求. 当展开 $2 - 5\tau$ 时, 在算到 $-4 + 2\tau$ 处会产生循环而得不到结果.

$$\begin{aligned}
\underline{2 - 5\tau} &= \tau(\underline{-4 - \tau}) \\
&= \tau^2(\underline{-4 + 2\tau}) + \alpha_1\tau^2 \\
&= \tau^3(\underline{2\tau}) + \alpha_1\tau^2 \\
&= \tau^4(\underline{2}) + \alpha_1\tau^2 \\
&= \tau^5(\underline{4 - 2\tau}) + \alpha_3\tau^5 + \alpha_1\tau^2 \\
&= \tau^6(\underline{-2\tau}) + \alpha_3\tau^5 + \alpha_1\tau^2 \\
&= \tau^7(\underline{-2}) + \alpha_3\tau^5 + \alpha_1\tau^2 \\
&= \tau^8(\underline{-4 + 2\tau}) - \alpha_3\tau^8 + \alpha_3\tau^5 + \alpha_1\tau^2 \\
&= \cdots.
\end{aligned}$$

我们看到从第二项 $-4 + 2\tau$ 再展开, 每隔 5 步就会遇到相同的项. 程序不会终止.

9.2 双基方法

我们习惯于用一个大于 1 的整数作为进制的基来表示整数, 常见的如 $2, 8, 10$ 和 16. 前面还讨论过用中国剩余表示来处理整数的算术运算. 从整数的双基表示我们可以看到有实践意义的新的描述整数的形式.

一个双基整数表示体系是将一个正整数 n 写为如下的 $\{2,3\}$ 整数 (即形如 2^b3^t 的整数) 的和与差:

$$n = \sum_{i=1}^{m} s_i 2^{b_i} 3^{t_i}, \quad s_i \in \{-1, 1\}, \ b_i, t_i \geqslant 0. \tag{9.7}$$

很容易看出, 一个正整数可以有多种不同的双基表示, 例如

$$16 = -2 + 2 \cdot 3^2 = 2^4.$$

这种表示的优势是其稀疏性. 具体地说, 我们有下面的定理.

定理 9.2 每个正整数 n 都可写成 k 个形如 2^b3^t 的正整数之和, 其中

$$k = O\left(\frac{\ln n}{\ln \ln n}\right).$$

证明 我们需要文献 [38] 中的一个结果的特例: 对于素数 p, q, 存在一个常数 C, 使得在 n 和 $n - \dfrac{n}{(\ln n)^C}$ 之间必有一个形如 $p^\alpha q^\beta$ 的整数.

在下面的讨论中, 我们取 $p = 2, q = 3$, 同时简记 $T(n) = \dfrac{n}{(\ln n)^C}$.

令 $n_1 = n$, 则有 b_1, t_1 使 $n_1 \geqslant 2^{b_1} 3^{t_1} > n_1 - T(n_1)$. 取

$$n_2 = n_1 - 2^{b_1} 3^{t_1}.$$

现在 $n_2 < T(n_1)$. 我们再取 b_2, t_2 使 $n_2 \geqslant 2^{b_2} 3^{t_2} > n_2 - T(n_2)$. 这样可得

$$n_3 = n_2 - 2^{b_2} 3^{t_2}, \quad n_3 < T(n_2).$$

重复上面的过程 $\ell + 1$ 步, 使得

$$\ln n_{\ell+1} < \frac{\ln n}{\ln \ln n} \leqslant \ln n_\ell.$$

于是可以看到

$$n_1 > T(n_1) > n_2 > T(n_2) > \cdots > n_\ell > T(n_\ell) > n_{\ell+1},$$

$$n = n_1 = \sum_{i=1}^{\ell} 2^{b_i} 3^{t_i} + n_{\ell+1}.$$

因为 $\ln n_{\ell+1} \leqslant \dfrac{\ln n}{\ln \ln n}$, 显然 $n_{\ell+1}$ 可表成至多 $\left\lceil \dfrac{\ln n}{\ln \ln n} \right\rceil$ 个形如 $2^b 3^t$ 的正整数之

和. 如果我们可以证明 $\ell \leqslant O\left(\dfrac{\ln n}{\ln \ln n} \right)$, 那么定理得证.

事实上, $T(n_1) = \dfrac{n}{(\ln n)^C} \leqslant \dfrac{n}{(\ln n_\ell)^C}$,

$$T(n_2) = \frac{n_2}{(\ln n_2)^C} \leqslant \frac{T(n_1)}{(\ln n_\ell)^C} \leqslant \frac{n}{(\ln n_\ell)^{2C}}.$$

用同样的方式, 我们可以得到

$$n_{\ell+1} \leqslant T(n_\ell) \leqslant \frac{n}{(\ln n_\ell)^{\ell C}}.$$

两端求对数, $\ln n_{\ell+1} \leqslant \ln n - \ell C \ln \ln n_\ell$. 对足够大的 n, 解得

$$\ell \leqslant \frac{\ln n - \ln n_{\ell+1}}{C \ln \ln n_\ell} < \frac{\ln n}{C \ln \dfrac{\ln n}{\ln \ln n}} \leqslant \frac{2 \ln n}{C \ln \ln n}. \qquad \square$$

这个证明建议我们可以用贪婪算法的思想来在双基的情况下表示正整数. 这里只涉及表示之的和的情形 (即 (9.7) 中的系数皆为 1). 具体的程序如下.

算法 25 双基表示

输入: 正整数 n

输出: n 的双基和

 1: **function** GREEDYDB(n)
 2: 　　**if** $n > 0$ **then**
 3: 　　　　$w \leftarrow$ 最大的 $2^b 3^t \leqslant n$
 4: 　　　　$\mathcal{S} \leftarrow \mathcal{S} + w$
 5: 　　　　$n \leftarrow n - w$
 6: 　　　　GreedyDB(n)
 7: 　　**else**
 8: 　　　　**return** $\mathcal{S}$
 9: 　　**end if**
10: **end function**

在一些实际应用中, 下面的特殊形式的双基表示的方法最近很受关注.

定义 9.1 给定一个正整数 n, 称满足下面条件

$$C_0 = 1, \quad C_{k+1} = 2^b 3^t C_k + s, \quad 其中 \ b, t \geqslant 0, s \in \{-1, 1\},$$

且存在 m 使 $n = C_m$ 的序列 $\{C_k\}$ 为 n 的一个双基链.

所以正整数 n 的双基链的实际展开式是

$$n = \sum_{i=0}^{m-1} s_i 2^{b_i} 3^{t_i}, \quad s_i \in \{-1, 1\}, \ b_0 \geqslant b_1 \geqslant \cdots \geqslant b_\ell \geqslant 0,$$

$$t_0 \geqslant t_1 \geqslant \cdots \geqslant t_\ell \geqslant 0.$$

双基链表示式的存在性是显然的, 例如 n 的二进制表示就是其双基链表示的一种. 同时可见, 正整数的双基链表示也不是唯一的.

例子 9.2 31415926 的一个双基链表示为

$$31415926 = 2^9 3^{10} + 2^9 3^7 + 2^8 3^5 + 2^5 3^3 + 2^3 3^1 - 2^1.$$

在一般情况下, 双基表示的项数 (亦即 Hamming 重量) 越小, 则利用该双基表示的计算效率就越高. 文献 [39] 证明了双基链的平均 Hamming 重量的下界为 $\dfrac{\log n}{8.25}$, 并开发动态规划算法产生最优双基链, 是目前理论上的最快算法. 在实际应用中, 用树形算法 [40] 生成双基链的效率通常是最高的.

对于素数 p, 我们在第 6 讲中使用 $\nu_p(k)$ 表示 k 中因子 p 的最高幂次. 这个符号将在下面的计算整数双基链的树形算法里用到.

算法 26 双基链的树形算法

输入: 正整数 n

输出: n 的双基链 $n = \sum_{i=0}^{\ell} s_i 2^{b_i} 3^{t_i}$

1: **function** TREEDBC(n)
2: $\quad i \leftarrow 0$
3: $\quad b_i \leftarrow \nu_2(n)$
4: $\quad t_i \leftarrow \nu_3(n)$
5: $\quad n \leftarrow \dfrac{n}{2^{b_i} 3^{t_i}}$
6: $\quad$ **while** $n > 1$ **do**
7: $\quad\quad g_1 \leftarrow \nu_2(n-1)$
8: $\quad\quad g_2 \leftarrow \nu_3(n-1)$
9: $\quad\quad h_1 \leftarrow \nu_2(n+1)$
10: $\quad\quad h_2 \leftarrow \nu_3(n+1)$
11: $\quad\quad$ **if** $2^{g_1} 3^{g_2} \geqslant 2^{h_1} 3^{h_2}$ **then**
12: $\quad\quad\quad s_i \leftarrow 1$
13: $\quad\quad\quad i \leftarrow i + 1$

14:　　　　　　　$b_i \leftarrow b_{i-1} + g_1$

15:　　　　　　　$t_i \leftarrow t_{i-1} + g_2$

16:　　　　　　　$n \leftarrow \dfrac{n-1}{2^{g_1} 3^{g_2}}$

17:　　　　**else**

18:　　　　　　　$s_i \leftarrow -1$

19:　　　　　　　$i \leftarrow i + 1$

20:　　　　　　　$b_i \leftarrow b_{i-1} + h_1$

21:　　　　　　　$t_i \leftarrow t_{i-1} + h_2$

22:　　　　　　　$n \leftarrow \dfrac{n+1}{2^{h_1} 3^{h_2}}$

23:　　　　**end if**

24:　　**end while**

25:　　$s_i \leftarrow n$

26:　　将 s_i, b_i, t_i 反向重新标号

27:　　**return** $\sum_i s_i 2^{b_i} 3^{t_i}$

28: **end function**

9.3　练习题

练习 9.1　设 $m_1, m_2, \cdots, m_k, m_{k+1}$ 为 $k+1$ 个不小于 2 的整数. 证明每个小于 $m_1 m_2 \cdots m_k m_{k+1}$ 的正整数 a 都可被唯一地表成

$$a = a_0 + a_1 m_1 + a_2 m_1 m_2 + \cdots + a_k m_1 m_2 \cdots m_k,$$

其中 $0 \leqslant a_i < m_{i+1}$, $i = 0, 1, \cdots, k$.

练习 9.2　设 $w = 5$, $\mu = 1$. 系数集 C 由 $\alpha_1 = 1, \alpha_3 = -3 - \tau, \alpha_5 = -1 + \tau, \alpha_7 = 9 + 5\tau, \alpha_9 = 3 + \tau, \alpha_{11} = -7 + 3\tau, \alpha_{13} = 1 + 2\tau, \alpha_{15} = 5 + 7\tau$ 组成.

1. C 是否满足要求 $N(c_{k_2}) < 2^w$?

2. $-1 - \tau$ 能否展成 w-τ 稀疏形式?

参考文献

[1] 华罗庚. 数论导引. 北京: 科学出版社, 1957.

[2] 潘承洞, 潘承彪. 简明数论. 北京: 北京大学出版社, 1998.

[3] Wang X, Xu G, Wang M, et al. Mathematical Foundations of Public Key Cryptography. Boca Raton, London, New York: CRC Press, 2015.

[4] 秦九韶. 数书九章. 北京: 中华书局, 1985.

[5] Xu G. On solving a generalized Chinese remainder theorem in the presence of remainder errors// Geometry, Algebra, Number Theory, and Their Information Technology Applications. Springer Proceedings in Math. & Stat. Series 251. Cham, Switzerland: Springer, 2018: 461-476.

[6] Wu H, Xu G. Qin's algorithm, continued fractions and 2-dimensional lattices. https://arxiv.org/pdf/2310.09103, 2013.

[7] Libbrect U. Chinese Mathematics in the Thirteenth Century. Mineola, New York: Dover Publications, 2005.

[8] 吴文俊. 秦九韶与《数书九章》. 北京: 北京师范大学出版社, 1987.

[9] Bach E, Shallit J. Algorithmic Number Theory. Cambridge: MIT Press, 1994.

[10] Rivest R L, Shamir A, Adleman L. A method for obtaining digital signatures and public-key cryptosystems. Commun. ACM 21, 1978, 2: 120-126.

[11] Wiener M J. Cryptanalysis of short RSA secret exponents. IEEE Trans. Inform. Theory, 1990, 36: 553-558 .

[12] Lang S. Introduction to Diophantine Approximations. New York: Springer-Verlag, 1995.

[13] Davida G, Litow B, Xu G. Fast arithmetics using Chinese Remaindering. Information Processing Letters, 2009, 109: 660-662.

[14] Chiu A, Davida G, Litow B. Division in logspace-uniform NC^1. Theoret. Informatics Appl., 2001, 35: 259-275.

[15] Cooley J W, Tukey J W. An algorithm for the machine calculation of complex Fourier series. Math. Comput., 1965, 19: 297-301.

[16] Schönhage A, Strassen V. Schnelle multiplikation grosser zahlen. Computing, 1971, 7: 281-292.

[17] Harvey D, van der Hoeven J. Integer multiplication in time $O(n \log n)$. Annals of Mathematics, 2021, 193: 563-617.

[18] Nussbaumer H J. Fast polynomial transform algorithms for digital convolution. IEEE Trans. Acoust. Speech Signal Process., 1980, 28: 205-215.

[19] Montgomery P L. Modular multiplication without trial division. Mathematics of Computation, 1985, 44: 519-521.

[20] Dussé S R, Kaliski B S, Jr. A cryptographic library for the Motorola DSP56000. Advances in Cryptology-EUROCRYPT, 1990: 230-244.

[21] Seiler G. Faster AVX2 optimized NTT multiplication for Ring-LWE lattice cryptography. https://eprint.iacr.org/2018/039, 2018.

[22] Barrett P. Implementing the Rivest Shamir and Adleman public key encryption algorithm on a standard digital signal processor// Advances in Cryptology. Lecture Notes in Computer Science, Vol. 263. Berlin, Heidelberg: Springer, 2000: 311-323.

[23] Agrawal M, Kayal N, Saxena N. PRIMES is in P. Annals of Mathematics, 2004, 160 (2): 781-793.

[24] Bernstein D J. Proving primality after Agrawal-Kayal-Saxena. Preprint, https://cr.yp.to/papers#aks, January 25, 2003.

[25] Ankeny N C. The least quadratic non residue. Ann. of Math., 1952, 55: 65-72.

[26] Montgomery H L. Topics in Multiplicative Number Theory. Lecture Notes in Mathematics, Vol. 227. Berlin, New York: Springer-Verlag, 1971.

[27] Bach E. Explicit bounds for primality testing and related problems. Math. Comput., 1991, 55: 355-380.

[28] Lamzouri Y, Li X, Soundararajan K. Conditional bounds for the least quadratic non-residue and related problems. Math. Comp., 2015, 84: 2391-2412.

[29] 王元. 论素数的最小正原根. 数学学报, 1959, 9: 432-441.

[30] Shoup V. Searching for primitive roots in finite fields. Math. Comput., 1992, 58: 369-380.

[31] Adleman L M, Manders K L, Miller G L. On taking roots in finite fields. FOCS, 1977: 175-178.

[32] Lehmer D H, Powers R E. On factoring large numbers. Bull. Amer. Math. Soc., 1931, 37: 770-776.

[33] Canfield E R, Erdös P, Pomerance C. On a problem of Oppenheim concerning "factorisatio numerorum". J. Number Theory, 1983, 17(1): 1-28.

[34] Shanks D. Class number, a theory of factorization and genera. Proc. Symp. Pure Math., 1971, 20: 415-440.

[35] Vinogradov J M. On a general theorem concerning the distribution of the residues and non-residues of powers. Transactions of the American Mathematical Society, 1926, 29: 209-217.

[36] Pollard J. Monte Carlo methods for index computation mod p. Mathematics of Computation, 1978, 32: 918-924.

[37] Murty M R. Introduction to p-Adic Analytic Number Theory. AMS/IP Studies in Advanced Mathematics, 27. Providence: American Math. Society, 2002.

[38] Tijdeman R. On the maximal distance between integers composed of small primes. Compositio Mathematica, 1974, 28(2): 159-162.

[39] Yu W, Al Musa S, Li B. Double-base chains for scalar multiplications on elliptic curves// Advances in Cryptology. Lecture Notes in Computer Science, Vol. 12107 Berlin, Heidelberg: Springer, 2020: 538-565.

[40] Doche C, Habsieger L. A tree-based approach for computing double-base chains. ACISP 2008, LNCS 5107, 2008: 433-446.

附录: 群、环和域

给定一个非空集合 A, 其上的一个二元运算 $\star$ 是一个映射

$$\star : A \times A \to A.$$

我们常将 $(a,b) \in A \times A$ 在这个映射下的像为 $a \star b$.

一个**群**由一个非空集合 G 和其上的一个二元运算 $\star$ 组成, 同时满足下述条件:

(1) (结合律) 对于任意的 $a,b,c \in G$, 都有

$$(a \star b) \star c = a \star (b \star c);$$

(2) (单位元) 存在一个元素 $e \in G$, 使得对任何 $a \in G$,

$$a = a \star e = e \star a,$$

这个 e 被称为是 G 的单位元;

(3) (逆元) 对每个 $a \in G$, 存在一个元素 $a' \in G$, 使得

$$a \star a' = a' \star a = e,$$

这个 a' 被称为是 a 的逆元.

如同初等代数中将 $a \times b$ 写成 $a \cdot b$ 或 ab 一样, 在不导致混淆的情况下, 运算结果 $a \star b$ 也常被记为 $a \cdot b$ 或 ab. 于是结合律保证了如下的有意义的表示: 对于 $g \in G$ 和正整数 m,

$$g^m = \overbrace{gg \cdots g}^{m \text{个}}.$$

我们还约定 $g^0 = e$. 在这种情况下, a 的逆元被记为 a^{-1} 并且对于正整数 m, $a^{-m} = (a^m)^{-1} = (a^{-1})^m$.

群 G 被称为是一个 Abel 群 (或交换群), 如果总有

$$a, b \in G \Rightarrow ab = ba.$$

关于 Abel 群, 有时会使用 $+$ 表示群的二元运算. 在这种情况下, 群的单位元被称为零元并记为 0, a 的逆元被称为负 a 并记为 $-a$.

设 G 为一个群, 如果存在 $g \in G$ 使得对于 G 中任何一个元素 a 都可以表成 $a = g^n$, 其中 $n \in \mathbb{Z}$, 则 G 被称为一个 (由 g 生成的) 循环群, 记为 $G = \langle g \rangle$.

群 G 到群 G' 的一个同态是一个映射 $h : G \to G'$ 满足

$$h(ab) = h(a)h(b), \quad \forall a, b \in G.$$

如果 h 是一个满单射, 则称之为同构. 此时可表 $G \cong G'$.

群 G 的一个子群 H 是 G 的一个非空子集满足

$$a, b \in H \Rightarrow ab^{-1} \in H.$$

称子群 H 为 G 的正规子群, 如果进一步有 $Hg = gH$ 对每个 $g \in G$ 成立. 设 H 为 G 的一个正规子群, 则

$$G/H = \{gH : g \in G\}$$

作为子集的集合是 G 的一个划分. 在集合 G/H 上, H 的正规性确保我们可以定义运算 $g_1 H \cdot g_2 H = (g_1 g_2)H$, 同时在此运算下 G/H 形成一个群, 叫做 G 关于 H 的商群. 关于这个商群有个自然的同态

$$\begin{aligned} \phi : \quad & G \to G/H \\ & g \mapsto gH. \end{aligned}$$

设 $h : G \to G'$ 为群同态, e' 为 G' 的单位元, 则

$$\ker h = \{g \in G : h(g) = e'\}$$

是 G 的正规子群, 称为 h 的核. 进一步, 我们有下面的群的第一同构定理

$$G/\ker h \cong \operatorname{im} h,$$

这里 $\operatorname{im} h$ 是同态 h 的像.

对于群 G, G', 它们的直积是装备在集合 $G \times G' = \{(g, g') : g \in G, g' \in G'\}$ 上的群, 其二元运算为

$$((g_1, g_1'), (g_2, g_2')) \mapsto (g_1 g_2, g_1' g_2').$$

一个**交换环**由一个非空集合 R 和其上的两个分别被称为加法和乘法的二元运算 $+, \cdot$ 组成, 同时满足下述条件.

(1) R 对于加法运算是一个 Abel 群, 其零元记为 0.

(2) R 对于乘法运算交换 (这里简记 $a \cdot b = ab$),

$$ab = ba, \quad \forall a, b \in R.$$

(3) R 对于乘法运算的结合律:

$$(ab)c = a(bc), \quad \forall a, b, c \in R.$$

(4) R 对于加法运算和乘法运算的分配律:

$$a(b+c) = ab + ac, \quad \forall a, b, c \in R.$$

(5) 乘法单位元: 存在一个元素 $1 \in R$ 使得

$$a1 = 1a = a.$$

我们在这里只考虑交换环.

环 R 到环 R' 的一个同态是一个映射 $h : R \to R'$ 满足对任何 $a, b \in R$,

$$h(a+b) = h(a) + h(b),$$
$$h(ab) = h(a)h(b).$$

如果 h 是一个满单射, 则称之为同构. 此时可表 $R \cong R'$.

环 R 的一个理想 I 是 R 的一个非空子集满足

$$a, b \in I, r \in R \Rightarrow a + br \in I.$$

对于 R 的一个理想 I, 加法商群 R/I 在运算

$$(r_1 + I) \cdot (r_2 + I) = r_1 r_2 + I$$

下构成一个环, 叫做 R 关于 I 的商环.

设 $h : R \to R'$ 为环同态, 它的核定义为

$$\ker h = \{r \in G : h(r) = 0\}.$$

$\ker h$ 是 R 的理想, 且有下面的环的第一同构定理

$$R/\ker h \cong \operatorname{im} h.$$

对于环 R, R', 它们的直积是装备在集合

$$R \times R' = \{(r, r') : r \in R, r' \in R'\}$$

上的环, 其两个二元运算分别为

$$+ \quad : ((r_1, r_1'), (r_2, r_2')) \mapsto (r_1 + r_2, r_1' + r_2'),$$
$$\cdot \quad : ((r_1, r_1'), (r_2, r_2')) \mapsto (r_1 r_2, r_1' r_2').$$

设 R 为一个交换环, $u \in R$ 叫做一个单位, 如果存在一个元素 $v \in R$ 使

$$uv = 1.$$

设 R 为一个交换环, 如果每一个 $r \in R \setminus \{0\}$ 都是单位, 则称 R 为一个**域**.

索　引